GÉOLOGIE

STRATIGRAPHIQUE

DU JURA

GÉOLOGIE

STRATIGRAPHIQUE

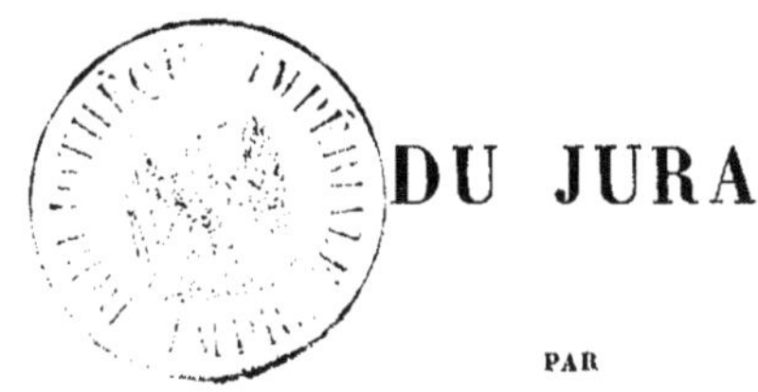

DU JURA

PAR

JACQUES BONJOUR

Conservateur du Musée de Lons-le-Saunier,
membre de la Société géologique de France, des Sociétés d'émulation du Jura et du Doubs,
membre honoraire de la Société des Sciences industrielles de Lyon, etc.

LYON
IMPRIMERIE ADMINISTRATIVE DE CHANOINE
10, PLACE DE LA CHARITÉ, 10
1863

GÉOLOGIE STRATIGRAPHIQUE

DU JURA

AVANT-PROPOS

Après quinze années consacrées à des études et des courses géologiques dans les départements du Jura et du Doubs, l'auteur vient de coordonner les résultats de ses nombreuses observations, et les a résumés dans cet ouvrage élémentaire, destiné à guider les premiers pas des personnes qui s'adonnent à l'étude attrayante de la Géologie, et conçu dans la pensée d'être utile aux arts, à l'agriculture, ainsi qu'à différentes industries.

Ce travail peut être regardé comme le complément des *Aperçus sur la Géologie du Jura*, publiés par l'*Annuaire du Jura* (1854), dans le but de vulgariser l'étude de la géologie de ce département; donnant l'explication d'une foule de termes techniques, que l'auteur croit inutile de reproduire, les jugeant suffisamment connus.

M. Jules Marcou, de Salins, dans ses *Recherches sur le Jura salinois* (1845), ainsi que M. Etallon, professeur, par ses *Esquisses d'une description géologique du Haut-Jura* (1857), tous les deux ont parfaitement décrit les parties du département qui ont été l'objet de leurs études; mais d'autres portions du Jura étaient restées sans descriptions, et c'est pour combler ces lacunes que l'auteur, sur des demandes qui lui ont été réitérées, s'est décidé à publier ce travail, auquel il regrette de n'avoir pu annexer : un grand nombre de coupes relevées sur place, qui eussent été d'un bon secours pour l'étude orographique des terrains ; une carte du département qu'il a coloriée géologiquement; et le catalogue des fossiles recueillis dans le Jura, contenant les dénominations paléontologiques de plusieurs milliers de sujets que comportait sa collection, dont il a fait hommage au musée de Lons-le-Saunier, en 1859.

Cette collection renferme sans doute beaucoup de fossiles à classer, et peut-être une certaine quantité d'inédits; mais c'est ici le cas de dire que, malgré les progrès incessants des découvertes géologiques, il s'écoulera bien des années avant que l'on parvienne à clore des listes de fossiles.

Depuis que les paléontologistes ont pu observer les animaux des genres similaires, chaque jour amène la découverte de nouveaux genres et espèces fossiles.

A l'aide de cet ouvrage, un commençant, s'il compare entre eux les fossiles qu'il aura recueillis, parviendra facilement à différencier et reconnaître les terrains étudiés; là est la clef indispensable avec laquelle il pénétrera plus avant et sans trop de fatigues dans cette science.

L'étude seule des termes propres à chaque science est toujours difficile par elle-même, cependant il est nécessaire de se rendre familières toutes ces expressions; et s'il est plus profitable de marcher méthodiquement, en avançant avec une lenteur prudente, que de parcourir à vol d'oiseau, sous prétexte d'aller plus vite, les différentes stations du voyage scientifique, c'est en Géologie surtout qu'il faut voir, revoir et recueillir avant de conclure.

N'ayant pas encore étudié suffisamment les Terrains tertiaires et quaternaires de la Bresse jurassienne, l'auteur n'en a pas entrepris la description. Il en est de même du massif granitique de la forêt de *la Serre*, arrondissement de Dôle, le seul point du Jura où ces terrains inférieurs soient au jour. Quoique l'auteur ait visité plusieurs fois cette intéressante localité, il ne pourrait entreprendre une description plus exacte que celle faite par MM. Pidancet, Contejean et Coquand, dans les mémoires de la Société d'Emulation du Doubs et de la Société Géologique de France. Il entre peu dans les goûts de l'auteur de faire des livres avec des livres, surtout s'il ne peut mieux dire.

L'auteur éprouve le besoin de signaler les noms des amis bienveillants qui lui ont fourni, soit des fossiles, soit des déterminations. Il met en première ligne M. Just Pidancet, savant géologue de Besançon, qui a guidé ses premiers pas sur les terrains. Une course en la compagnie de cet ami l'avançait plus que des mois d'études dans la solitude. Un voyage entrepris avec lui, en 1852, pour visiter les terrains de Neuchâtel, les belles tourbières des Ponts et des Brenets, est celui de tous qui a laissé à l'auteur les meilleurs souvenirs. M. Pidancet étant aussi botaniste et entomologiste, l'intérêt de sa conversation tenait constamment en éveil.

M. le docteur Germain, à Salins, dont l'auteur s'honore d'être l'ami depuis 1817, peu après leur retour de l'armée, a été l'un des premiers Jurassiens qui se soient occupés activement de Géologie aux environs de Nozeroy et de Salins. Aussi les beaux fossiles des collections de ce géologue prouvent les avantages du premier récolteur. M. Germain a tenu, en tout temps, sa collection à la disposition de l'auteur, et lui a donné ou échangé de nombreux fossiles, tant pour lui que pour le musée de Lons-le-Saunier. Il lui a aussi remis en communication plusieurs ouvrages de Géologie très-intéressants.

M. le docteur Campiche, à Sainte-Croix (Suisse), pour ses envois et déterminations d'un grand nombre de fossiles.

M. Defranoux, inspecteur des contributions indirectes, ex-président de la Société d'Emulation du Jura, pour les nombreux fossiles, souvent rares, qu'il recueillait, la plupart, dans l'arrondissement de Lons-le-Saunier, et qu'il aimait à donner à l'auteur.

M. Etallon, et M. Guirand, à Saint-Claude, pour le don de plusieurs beaux fossiles du Corallien de Saint-Claude et environs.

Enfin, M. le frère Ogérien, directeur des Ecoles chrétiennes à Lons-le-Saunier, pour ses prêts d'ouvrages de paléontologie, ses dons de fossiles à classer, ses communications obligeantes, des fossiles envoyés en détermination à Paris à diverses reprises.

MM. Germain et Guirand ont bien voulu fournir la désignation des étages de la plupart des communes des environs de Salins et de Saint-Claude. Les observations personnelles de l'auteur lui ont permis de le faire sur un grand nombre de communes du Jura, le surplus a été relevé sur la carte géologique déposée à la Préfecture.

DIVISION DE L'OUVRAGE

1° Tableau de la succession des Etages, selon l'ordre chronologique d'Al. d'Orbigny ;

2° Description et diagnose de chaque Etage et ses subdivisions, avec indication des fossiles caractéristiques ;

3° Indication des matières utiles à l'agriculture, à l'industrie et aux arts, des roches de chaque division. En Géologie le mot *roche* est appliqué à tous les terrains tant solides que meubles ; ainsi, la *houille*, les *marnes*, les *sables*, sont des roches ;

4° Indication des communes du Jura où se montrent les terrains d'un ou de plusieurs Etages.

TABLEAU de la succession chronologique des Etages ou Terrains, d'après Alcide d'Orbigny

EPOQUES PÉRIODES OU TERRAINS		ÉTAGES.	SYNONYMIES.	LOCALITÉS du Jura.
7e Contemporains			Tourbes, Tufs, Eboulis, Alluvions des rivières.	
6e Quaternaires		Pliocène nouveau.	Dépôts glaciaires. Diluvium rouge, Lehm. Alluvions anciennes, provenant des érosions par suite de l'exaltation des Alpes principales.	Bresse.
5e Tertiaires		Pliocène.	Limon jaune ou sables de la Bresse. Argile bleuâtre des étangs avec coquilles d'eau douce, fer hydraté, minerai de fer d'alluvions.	Id. Id. Id.
		Miocène.	Lignites ; Mollasses	
4e Crétacés....	24	Eocène.	Argiles plastiques ; Fer pisolitique.	Etrepigney & Plumont.
	23	Danien, d'Orb.	Pisolitique.	
	22	Sénonien.	Craie à silex.	Lains.
	21	Turonien.	Craie blanche.	Id.
	20	Cénomanien.	Craie chloritée. Rhotomagien.	Id.
	19	Albien.	Gault.	Id. Charbonny, etc.
	18	Aptien.	Argiles à Plicatules.	
	17	Néocomien.	Supérieur (Urgonien), moyen et infér.	
3e Jurassiques.	16 bis.	Purbeckien.	Gypses et fossiles d'eau douce.	Foncine-le-Bas
	16	Portlandien.		
	15	Kimmeridgien.		
	14	Corallien.		
	13	Oxfordien.	Sup. Argovien. Moy. Spongitien. Inf. marnes à foss. pyrit.	
	12	Callovien.	Fer sous-oxfordien.	
	11	Bathonien.	Cornbrash. Forest-Marble. Great-oolithe	
	10	Bajocien.	Oolithe infér. Fuller's-earth. Oolithe ferrug.	
	9	Toarcien.	Lias supérieur.	
	8	Liasien.	— moyen.	
	7	Sinémurien.	— inférieur.	
2e Triasiques..	6	Saliférien.	Keupérien. Sels, gypses, dolomies et m. irisées	
	5	Conchylien.	Muschelkalk.	Bord occid. de la Serre
1re Paléozoïques.....	4	Permien.	Zechstein. Grès vosgien.	Id. Id.
	3	Carboniférien.	Houiller.	
	2	Dévonien.	Vieux grès rouge.	
	1	Silurien.	Schisteux.	
Azoïques		Groupes des	Talcites.	
		— des	Micacites.	
		— des	Gneiss.	
		Granits.	Granits.	

GÉOLOGIE DU JURA PAR ÉTAGES

SIXIÈME ÉTAGE. — SALIFÉRIEN (D'ORBIGNY).

SYNONYMES.... { Marnes irisées, MM. Dufrénoy et Elie de Beaumont.
Terrain keupérien, MM. Thurmann, Gressly, Thirria, Marcou.

L'Etage keupérien se divise en trois groupes, faciles à distinguer par leurs caractères pétrographiques. Notre savant compatriote, M. Jules Marcou, de Salins, a publié, en 1848, un très-beau travail sur cet étage. Nous ne pouvons mieux faire que d'en donner ici le résultat.

A. Groupe inférieur. — Puissance, 73 mètres.

1er Sous-groupe : Sels gemmes et marnes salifères sans fossiles; n'affleure nulle part dans le Jura; n'est connu qu'en partie par les sondages pratiqués pour les salines, à Montmorot, Grozon et Salins, sans avoir traversé son épaisseur entière . . . . p. X m »

2e Sous-groupe : 1er banc de dolomie se divisant en feuillets. p. 4 »

3e id. Gypses noirâtres et rouges, cristallisés sous différentes formes . . . . p. 12 »

4e id. Marnes grises micacées et houille terreuse. p. 7 »

B. Groupe moyen ou gypsifère, sans fossiles. P. 49 m.

1er Sous-groupe : 2e banc de dolomie compacte, souvent celluleuse. . . . . p. 6 »

2e id. Marnes gypseuses, rouge lie de vin . . . . p. 10 »

3e id. Gypse blanc compacte et amygdaloïde, et gypse anhydre . . . . p. 20 »

4e id. 3e banc de dolomie compacte, avec fendillements perpendiculaires aux strates. . . p. 3 »

5e id. Gypse blanc et grès . . . . p. 10 »

C. Groupe supérieur, fossilifère. P. 31 m 50.

1er Sous-groupe : Marnes argileuses irisées calcaires, et couches de dolomies subordonnées, avec *Pecten Lugdunensis* . . . . p. 12 »

2e id. Grès de Boisset, paillettes de mica, grains de feldspath rose. — *Hybodus* . . . . . . p. 1 50

3e id. Schistes ardoisiers, avec calcaire à *Cardinia*, *Pecten*, et *feuilles de Calamites* . . . . p. 8 »

4e id. Calcaires cloisonnés et fétides.— *Pecten*, *Posidonia*, *Avicula* . . . . p. 7 »

5e Sous-groupe : Macigno, Schildfandstein et Quadersandstein, grès micacés et marnes irisées. — *Calamites et Equisetum, Pecten, Lima et Avicula.* p. 3 »

Le 6e Etage est très-répandu dans toute la partie vignoble du Jura, depuis le pied des falaises qui bordent cette partie jusqu'à la limite des terrains tertiaires et alluvions de la plaine. En dehors de cette zone, quelques lambeaux sont à découvert. Je citerai :

1° Les Nans, canton de Nozeroy. — Eaux salées, gypses de toutes les nuances, dolomies, houille terreuse et marnes irisées. Exploitation de gypses.

2° Nogna. — Gypse blanc et rougeâtre, exploité à Pont-de-Poitte.

3° Gizia. — Même gypse, exploité.

4° Villette-lès-Cornod. — Gypses blancs et roses, exploités ; dolomies et marnes irisées.

MATIÈRES UTILES.

Sel. — Exploité à Salins, Grozon, Montmorot et Lons-le-Saunier.

Halloysite, savon de montagne. — A la carrière de gypse de l'étang du Saloir, commune de Montmorot, non exploité ; mériterait de l'être pour l'usage du foulage et dégraissage des draps. Découverte de l'auteur.

Dolomies. — Employées, comme pierre de construction et clôtures, à la fabrication de la chaux hydraulique par une légère calcination, et au revêtement intérieur des hauts-fourneaux.

Houilles. — Peu employées, en raison de la grande quantité d'éléments terreux dont elles sont mélangées.

Marnes irisées. — Convenables pour l'amendement des prairies ; au moyen d'une légère calcination, leur effet serait plus énergique.

On rencontre, dans les gypses rouges, de jolis cristaux bipyramidés en quartz rouges, dits hyacinthe de Compostelle.

Coupe du Keuper, groupe supérieur.

Entre Feschaux et Plainoiseau, route de Lons-le-Saunier à Dôle, les couches plongent au nord sous un angle de 50 à 60° :

0. Terre végétale et débris de silex, charriés du Bajocien.
1. Marnes irisées rouges et vertes, dolomies cloisonnées avec strontiane sulfatée. . . . . p. 20m »
2. Marnes grises et dolomies cloisonnées en feuillets. . . . p. 3 »
3. Banc calcaire et grès micacé rougeâtre, nodules et tiges informes. . . . . p. » 50

A reporter. 23m 50

Report.	23^m	50
4. Marnes grises bitumineuses, avec interposition d'un banc de dolomie cloisonnée . . . . p.	5	»
5. Schistes ardoisiers noirâtres, en quatre couches, séparées par trois bancs de 0.40 c. de calcaire jaune, traversés par du carbonate de chaux cristallisé. . . . . p.	10	»
6. Deux bancs de calcaire sableux, roussâtre, en plaquettes recouvertes de fossiles nombreux et variés. — *Cypricardia, Avicula, Cardinia, Pecten*; séparés par une couche bitumineuse de 1 mètre. (C'est le grès de Boisset, de Marcou). p.	3	»
7. Quatre couches de marnes grises bitumineuses; trois bancs de calcaire et dolomie feuilletée . . . . p.	7	50
8. Calcaire, grès roussâtre, et marnes grises. . . . . . . p.	3	»
9. Calcaire bleu grisâtre, avec taches charbonneuses. Pecten (foie de veau de Bourgogne). . . . . p.	1	»
10. Schistes ardoisiers et calcaire bleu jaunâtre, fossilifère . p.	3	»
11. Marnes micacées, grises, plastiques. . . . . p.	2	»
12. Marnes irisées rouges et grises . . . . p.	4	»
13. Dolomie compacte et marneuse, grès blanchâtre avec taches noirâtres. . . . . p.	1	»
Total.	63^m	»

0. Lias inférieur et moyen.

Nota. Par l'effet du redressement des couches et des glissements, il a dû s'ensuivre une exagération de développement apparent desdites couches.

On voit par cette coupe que le Keuper supérieur, ici, ne s'accorde pas dans ses détails avec celui des environs de Salins, si bien décrit par M. Marcou.

Les géologues de la Bourgogne ont détaché du Keuper une partie sous le nom de *Infra-lias*. Les arkoses de ces contrées manquent dans notre Jura.

Coupe du Keuper à Villette-lès-Cornod, relevée par l'auteur.

Groupe moyen.	Gypse blanc compacte et grenu. Puissance visible	2^m	50
Id.	Marnes gypseuses . . . . p.	2	»
Id.	Dolomie compacte . . . . p.	1	»
Id.	Banc marneux, 0^m60, base compacte, 1^m50 p.	2	10
Groupe supérieur.	Marnes irisées en couches ondulées . . . p.	5	»
	Total.	12^m	60

LOCALITÉS.

NOTA. Nous désignons les arrondissements du Jura selon leur ordre administratif : 1er Lons-le-Saunier; 2e Dôle; 3e Poligny; 4e Saint-Claude.

1er arrondissement : Lons-le-Saunier, Courbouzon, Gevingey, Grusse, Beaufort, l'Etoile, Messia, Moiron, Montmorot, Villeneuve, Savagna, Chille, Plainoiseau, Saint-Germain-les-Arlay, Baume, Nevy-sur-Seille, Voiteur, Lavigny, Le Pin, Passenans, Saint-Lamain, Saint-Lothain, Mantry, Monay, Arlay, Nogna, Gizia, Villette-lès-Cornod.

2e arrondissement : Moissey, Menotey, Raynans.

3e arrondissement : Poligny, Abergement-le-Grand, Abergement-le-Petit, Brainans, Buvilly, Grozon, Miéry, Montholier, Tourmont, Arbois, Les Arsures, St-Cyr, Mesnay, Montigny-les-Arsures, Pupillin, Vadans, Les Nans, Salins, Aresches, Bracon, Fonteny, Ivrey, Marnoz, Pretin, Saizenay, Saint-Thiébaud.

SEPTIÈME ÉTAGE. — SINÉMURIEN (D'ORBIGNY).

SYNONYME. — Lias inférieur.

Nous divisons cet étage en trois groupes :

A. — Infra-lias.

B. — Calcaire à gryphées.

C. — Marnes de Balingen (Marcou), à Amm. raricostatus et Ostrea cymbium.

Groupe A. Infra-lias. — Puissance, 34 mètres.

Calcaire gris jaunâtre et sables quartzeux fossilifères. Ces dépôts reposent sur le *Bone-bed*, et paraissent avoir beaucoup d'analogie avec ceux d'Halberstadt en Prusse, et d'Hettange (Moselle). L'origine de ce dépôt paraît provenir, en partie du moins, des dernières assises du Keuper remaniées par les eaux, et déposées sur des rivages par le mouvement des vagues.

Groupe B. Lias inférieur. — Puissance, 20 mètres.

Calcaire compacte et sub-compacte, à pâte assez fine, souvent marneuse, à cassure esquilleuse et rayonnante, de couleur bleuâtre, quelquefois grisâtre, avec de petits points brillants. Une argile schisteuse grise est souvent placée en très-minces assises entre les couches calcaires ; dans quelques localités ces schistes sont charbonneux quoique durs. La stratification est régulière, et les assises calcaires, variant de 0,10c à 0,60c, sont séparées par des assises de marnes schisteuses de 0,1c à 0,2c ; quelquefois même des rognons calcaréo-marneux adhérent aux surfaces des strates calcaires, ce qui leur donne un aspect mammelonné. Les fendillements perpendiculaires aux strates sont nombreux.

Les premiers fossiles qui se montrent sont : *Amm. psilonotus* Quensted. *A. angulatus* Schloth. *Ostrea arcuata* Sow. *Cardinia concinna ; C. securiformis. Lima gigantea ; L. punctata. Spiriferina Walcotii. Pentacrinus tuberculatus ; P. basaltiformis* Miller. Ces fossiles sont beaucoup plus rares aux environs de Lons-le-Saunier qu'autour de Salins. Leur taille est aussi moindre.

Groupe C. — Puissance, 10 à 11 mètres.

Marnes et calcaires marneux, gris bleuâtre, assez homogènes, à texture terreuse et à structure schisteuse. Les calcaires sont compactes, de couleur gris de fumée ou bleue, à cassure lisse ou mate, et se brisant facilement lorsqu'ils sont exposés à l'action des agents atmosphériques. La stratification est régulière. Les massifs marneux alternent avec des couches calcaréo-marneuses disposées comme une ligne de pavés, dont le nombre va en diminuant à mesure qu'on s'élève dans l'Etage.

Les fossiles caractéristiques sont : *Belemnites acutus* Miller. *Amm. oxynotus ; A. raricostatus. Spiriferina pinguis. Terebratula marsupialis. Ostrea cymbium.*

MATIÈRES UTILES.

Le calcaire à gryphées est employé en pierre de construction ordinaire. On en tire des marbres noirâtres d'un assez bel effet à cause des gryphées et des pentacrines, à l'état spathique, dont la blancheur tranche bien sur le fond noir-bleuâtre de la roche. On pense que le marbre noir qui décore la belle église de Brou, près Bourg, a été tiré de Miéry. On en fabrique de la chaux plutôt grasse que maigre.

Les calcaires de Balingen seraient propres à faire de la chaux hydraulique, comme tous les calcaires marneux. Les marnes sont très-employées pour l'amendement des vignes, et réussiraient également pour toutes les autres cultures.

LOCALITÉS.

Les trois étages du Lias étant réunis dans le plus grand nombre des localités du Jura, afin d'éviter des répétitions fastidieuses, la présente liste servira pour les deux étages suivants.

1er Arrondissement. — Lons-le-Saunier, Bornay, Chilly-le-Vignoble, Courbouzon, Saint-Didier, l'Etoile, Gevingey, Grusse, Macornay, Messia, Moiron, Vernantois, Villeneuve-sous-Pymont, Saint-Amour, Balanod, Cornod, Anchay, Thoirette, Villette-les-Cornod, Beaufort, Gizia, Rozay, Augea, Arlay, Quintigny, Conliége, Chille, Montaigu, Pannessières, Perrigny, Revigny, Aliéze, Bréry, Saint-Lamain, Saint-Lothain, Mantry, Monay, Passenans, Toulouse, Villersérine, Voiteur, Baume, Blois, la Muire, Frontenay, Ladoye, Lavigny, Louverot, Menétrux-le-Vignoble, Montain, Nevy-sur-Seille, Le Pin, Plainoiseau, Saint-Germain, Le Vernois.

2e Arrondissement. — Gendrey, Auxange, Louvatange, Ougney, Pagney, Romain, Rouffange, Saligney, Moissey, Offlanges, Frasne, Reynans, Serre-les-Meulières, Sermange, Vitreux.

3e Arrondissement. — Poligny, Abergement-le-petit, Aumont, Buvilly, Grozon, Miéry, Plasne, Monthollier, Tourmont, Vaux-sur-Poligny, Arbois, Abergt-le-Grand, Les Arsures, Saint-Cyr, Mesnay, Molamboz, Montigny-les-Arsures, Montmalin, Pupillin, Villette-les-Arbois, Les Nans, Salins, Aresche (Boisset, Moutaine), Bracon, Fonteny, Ivory, Marnoz, Pretin, Saizenay, Saint-Thiébaud, Certemery, Villeneuve-d'Aval.

4e Arrondissement. — Moirans.

HUITIÈME ÉTAGE. — LIASIEN (D'ORBIGNY).

Synonyme. — Lias moyen.

Cet Etage peut être divisé en trois groupes :

A. Groupe inférieur. — Calcaire à Belemnites.

B. — moyen. — Marnes à Amm. margaritatus.

C. — supérieur. — Marnes à Plicatules.

Groupe A. — Puissance 2 mètres.

Calcaire marneux, à cassure écailleuse, bleu clair dans l'intérieur des strates et jaunâtre à l'extérieur exposé à l'action des agents atmosphériques. Au-dessus, et aussi entre les assises calcaires, se trouvent de minces couches d'argile très-plastique renfermant une grande quantité de fer roux jaunâtre. Les strates calcaires sont souvent même marquetées de ces taches ferrugineuses.

Fossiles caractéristiques. — *Bel. acutus ; B. Fournelianus ; B. umbilicatus. Amm. Davœi ; A. fimbriatus ; A. Bechei ; A. planicosta. Pholadomya ambigua. Homomya ventricosa. Mactromya liasina, etc.*

Localités types.—Lons-le-Saunier, Perrigny, Montaigu, Miéry, Salins, etc.

Groupe B. — Puissance 12 mètres.

Marnes schisteuses s'enlevant comme des plaques d'ardoises, de couleur gris jaunâtre et quelquefois noirâtre, se délitant facilement à l'air. La stratification est très-régulière et présente un grand massif de schistes marneux, dans lesquels on rencontre, disséminés çà et là, sans aucune régularité, des rognons calcaréo-marneux nommés *septarias*. Ces corps varient de la forme cylindrique à la forme plus ou moins sphérique, de la grosseur d'une noix à celle d'une tête humaine ; Ils se composent, soit de couches concentriques, soit de couches calcaréo-ferrugineuses disposées autour d'un axe de fer hydraté plus ou moins allongé. Ces boules sont quelquefois traversées par du spath calcaire qui aurait rempli les fissures des retraits par la perte de leur humidité primitive.

Fossiles caractéristiques. — *Bel. Fournelianus; B. umbilicatus; B. Bruguierianus. Amm. margaritatus.*

Localité type. — Lons-le-Saunier, derrière l'Hôpital.

Groupe C. — Puissance 6 mètres.

Marnes grises sableuses, micacées, alternant avec des calcaires marneux, bleuâtres à l'intérieur, disposés comme des lignes de pavés. Vers la partie supérieure les calcaires dominent sur les massifs marneux, tandis que c'est le contraire vers la base de la division.

Fossiles caractéristiques. — *Bel. Bruguierianus. Amm. spinatus. Plicatula spinosa. Pecten æquivalvis. Lima Hermanni, etc.*

Localités types. — Lons-le-Saunier, le pendant au nord de l'Hôpital; Salins.

MATIÈRES UTILES.

Les couches calcaires de l'Etage sont peu propres aux constructions, en raison de leur peu de résistance à l'action des agents atmosphériques. On pourrait, tout au plus, en obtenir des chaux hydrauliques, d'assez bonne qualité, si ce n'était leur émiettement à l'action du feu.

Les marnes, surtout les micacées, sont très-avantageuses à l'amendement des terres, pour toute sorte de cultures, y compris la vigne.

NEUVIÈME ÉTAGE. — TOARCIEN (D'ORBIGNY).

SYNONYME. — Lias supérieur.

Cet Etage peut être divisé en quatre groupes :

A. Groupe inférieur. — Schistes bitumineux, schistes de Bool de Marcou.
B. — Marnes à Trochus (Marcou).
C. — Grès super-liasique (Marcou).
D. — Oolithe ferrugineuse. Fer de la Verpillière (Thurmann).

Groupe A. — Puissance 2 mètres.

Marnes très-schisteuses se divisant en feuillets ressemblant beaucoup à des ardoises La couleur varie du noir mat au gris foncé. On rencontre souvent, intercalés dans les schistes, des rognons lenticulaires de calcaire argileux, autour desquels les schistes se contournent, ce qui leur donne un aspect de stratification plus ou moins sinueuse.

Fossiles caractéristiques. — *Amm. serpentinus. Posidonomya Bronnii. Inoceramus, etc.* — Tous ces fossiles sont comprimés entre les feuillets. A Vernantois et à Miéry on a trouvé des tiges végétales de la famille des équisétacées, analogues à celles des terrains houillers.

Localités types. — Tous les environs de Lons-le-Saunier, Beaume, Miéry, etc.

Groupe B. — Puissance 15 mètres.

Marnes subschisteuses de couleur bleue bien marquée, micacées, faisant fortement effervescence ; structure en petit assez diffuse. On rencontre de nombreux rognons de pyrites sulfureuses (sulfure de fer), variant de la grosseur d'une noisette à celle du poing, ainsi que de petites boules calcaréo-marneuses très-compactes, de couleur bleu clair, de forme ellipsoïdale et qui renferment au milieu de petites pyrites, ou bien des cristaux de sulfate et de carbonate de chaux. Dans ce dernier cas les sphérites deviennent céphalaises et se trouvent en amas nombreux.

Fossiles caractéristiques.— *Belemnites irregularis. Amm. mucronatus ; A. Raquinianus ; A. sternalis ; A. discoïdes ; A. complanatus ; A. Germaini ; A. insignis ; A. bifrons ; A. radians ; A. jurensis ; A. cornucopia. Turbo subduplicatus ; T. capitaneus. Trigonia pulchella. Astarte Voltzii. Arca inæquivalvis. Nucula rostralis ; N. Hausmanni. Thecocyathus mactra, etc.* La plupart des fossiles sont pyriteux.

Ce groupe manque, ou à peu près, aux environs de Lons-le-Saunier, et se montre à Balanod, Miéry, Salins, les Nans, etc.

Groupe C. — Puissance 8 mètres.

Grès à base marno-calcaire, empâtant des parties sableuses micacées, avec nombreuses incrustations de couches marneuses de même nature, de couleur roux grisâtre. La structure en petit est très-fissile; en grand, elle est régulière, par assises alternatives de marnes, de calcaires marneux et de grès.

Fossiles caractéristiques. — *Am. primordialis ; A. Aalensis ; A. opalinus. Nautilus latidorsatus ;* et de nombreux végétaux.

Localités types. — Montorient, Ivory, etc.

Matières utiles. — Toutes les marnes de cet Etage sont très-précieuses pour l'amendement des terres, surtout celles des groupes : A et C.

Groupe D.

Oolithe ferrugineuse (Thurmann ; non ool. fer. de Marcou et des géologues normands). Analogue au dépôt de la Verpillière, près Lyon. Calcaire oolithique compacte ou grenu, contenant du fer à l'état de peroxyde anhydre et limoneux hydraté, d'un rouge brillant, quelquefois à reflets miroitants comme le fer oxydulé.

Puissance variable du minerai. . . . . 1 à 2 mètres

Ainsi que dans la plupart des dépôts ferrugineux du Jura, les fossiles sont assez bien conservés, mais leur adhérence à la gangue s'oppose souvent à ce qu'on puisse les obtenir entiers.

Fossiles caractéristiques. — *Belemnites sulcatus. Amm. primordialis; A. Murschisonæ; A. subradiatus. Avicula elegans. Pecten velatus. Rhabdocidaris maxima, etc.*

MATIÈRE UTILE. — Ce minerai de fer est employé depuis longtemps par les forges du Jura. Celui des environs de Seillères, par la fonderie de Baudin; rendement environ 37 p. %. Et celui d'Aresches, près Salins, par le haut-fourneau de Montame; on le mélangeait avec le fer en grains du Callovien de Viousse, et la limonite du Néocomien de Boucherans.

A Ougney, canton de Gendrey, gîte puissant exploité par la Société des forges et fonderies de Franche-Comté.

A Maynal, près Beaufort, on fait en ce moment des travaux de sondage en vue d'une exploitation.

A l'Abergement-le-Petit, entre Arbois et Poligny, l'exploitation d'une carrière pour le chemin de fer en a fait remarquer un gisement, non utilisé métallurgiquement.

Lés faibles dépôts reconnus à Balanod, à Mont-Orient et Montaigu, par leurs fossiles, doivent être rangés dans cet Etage plutôt que dans le suivant, le Bajocien.

DIXIÈME ÉTAGE. — BAJOCIEN (D'ORBIGNY).

SYNONYME. — Oolithe inférieure.

Cet étage peut être divisé en quatre groupes :

A. — Oolithe ferrugineuse (Marcou). Ce groupe devra être réuni au groupe D du Lias supérieur.
B. — Calcaire Lédonien (Marcou). Calcaire à entroques.
C. — Calcaire à polypiers (Marcou).
D. — Fuller's-earth. Marnes à Ostrea acuminata (Thurmann). Marnes vésuliennes (Marcou).

Groupe A inférieur. — Puissance 10 mètres.

Fer hydroxydé, oolithique, de couleur gris foncé avec quelques taches bleuâtres. La roche calcaire qui le renferme est plus ou moins compacte, et se trouve superposée et intercalée entre des assises marneuses de couleur bleu jaunâtre, rubannées de larges veines d'oxyde de fer.

Fossiles caractéristiques. — *Bel. sulcatus. Nautilus lineatus; N. clausus. Amm. subradiatus; A. primordialis; A. Murchisonæ; A. discus; A. Sowerbyi; A. opalinus. Pholadomya Zietenii. Homomya obtusa. Gresslya erycina. Pleuromya tenuistria. Cardinia oblonga. Lima proboscidea. Trigonia striata. Ostrea Kunkeli. Terebratula globata; T. perovalis. Hyboclypus Marcou; H. canaliculatus. Cidaris horrida; C. Courteaudia, etc. etc.*

Localités types. — Roche-Pourrie (Salins), Monay, Montaigu.

Groupe B. — Puissance 20 mètres.

Calcaire compacte, contenant des oolithes très-petites qui se confondent avec la pâte calcaire, à cassure souvent inégale, raboteuse, quelquefois subconchoïdale, surtout dans les variétés très-compactes ; couleur jaune grisâtre, quelquefois avec des taches bleues, d'un aspect terne dans les variétés grisâtres, et d'un reflet spathique ; nuancé dans les couches à lumachelles. Ces dernières renferment une grande quantité de Crinoïdes (Pentacrines). Parmi certains bancs calcaires se trouvent intercalés des rognons siliceux, tantôt se noyant dans la pâte calcaire, tantôt se montrant collés sur la surface des strates, ou détachés isolément, imitant le *Chert* des Anglais.

A une certaine élévation dans le groupe, existe un dépôt vaseux de marnes noirâtres très-arides, contenant beaucoup de fossiles mal conservés, parmi lesquels dominent les Bryozoaires. On y trouve : *Bel. canaliculatus. Hemithyris spinosa ; H. costata. Cidaris horrida. Intricaria bajociensis.*

Puis, en certaines localités, se montrent de très-beaux bancs de dalles minces à surface plane, d'un calcaire grisâtre avec nodules siliceux. Ces bancs se divisent d'une manière régulière. Les dalles sont employées avantageusement aux clôtures des héritages et à l'intérieur des habitations. Il en existe une très-belle carrière au-dessus de Conliége, d'une puissance exploitée de 5 à 6 mètres. Ceux-ci sont recouverts d'un calcaire oolithique fournissant d'excellents matériaux pour constructions et pavages. On y remarque beaucoup de fossiles, tels que des Nautiles de grande taille et l'*Amm. Humphresianus*, etc.

Au-dessus de cette dernière couche (à Conliège), on remarque une masse de fossiles triturés parmi des sables arénacés, indiquant un intervalle de repos au niveau des marées.

Localités types. — Saint-Maur, Conliège, Crançot, Baume, Ladoye, Messia, Courlaoux, Gevingey, Poligny, Bourg-de-Sirod.

Groupe C. — Puissance 8 mètres.

Les couches à polypiers sont composées d'un calcaire compacte très-tenace, à cassure lisse et terne, de couleur grisâtre ; stratification irrégulière, avec de nombreux rognons, siliceux et des coraux à texture subsaccharoïde, très-dure, se cassant par petits fragments écailleux et très-tranchants.

Fossiles caractéristiques. — *Isastrea serialis ; I. Conybearei. Thecosmilia gregaria. Comoseris vermicularis. Montlivaltia trochoïdes. Pavonia secans. Meandrina, etc.*

Localités types. — Fort-Saint-André (Salins), Le Fied, Chamole, Bourg-de-Sirod, Chazelles, Cessia.

Au-dessus des couches à polypiers, on voit des calcaires gris blanchâtres, compactes, par assises peu épaisses. Plusieurs de ces couches répandent, en les brisant, une odeur bitumineuse qui les a fait nommer par M. le docteur Germain *calcaires puants*. — Puissance . . . . 2 mètres.

Fossiles caractéristiques : *Bel. giganteus. Nerinea jurensis. Pholadomya bucardium*. etc. etc.

Localité type. — Fort-St-André (Salins).

Nota. Les chailles du Bajocien formées des débris de polypiers, par suite de leur légèreté spécifique, ont été entraînées par les eaux à d'assez grandes distances des localités où se montrent les coraux. — Il faut bien se pénétrer de l'idée que les dépôts coralligènes ne formaient pas une nappe continue, mais seulement les points où la profondeur des mers et la limpidité des eaux favorisaient la multiplication prodigieuse de ces zoophytes, comme on le remarque encore de nos jours dans la mer Pacifique.

Groupe D. — Puissance 3 mètres.

Marnes gris jaunâtres, quelquefois bleuâtres, rudes, peu homogènes, très-fossilifères.

Fossiles caractéristiques. — *Am. Parkinsoni. Pleuromya Aldiani. Ph. Vezelayi. Homomya gibbosa. Ceromya tenera. Lima proboscidea; L. gibbosa. Avicula digitata. Pecten subspinosus. Ostrea acuminata ; O. subcrenata; O. Knorri. Pinna ampla. Rhynchonella concinna. Terebratula carinata ; T. concinna. Clypeus patella ; Cl. solodurinus ; Cl. Hugii. Holectypus depressus. Acrosalenia complanata*. Bryozoaires, Amorphozoaires et Foraminifères.

Localités types. — Plasne, Le Fied, Picarreau, La Mare, Crançot, Poids-de-Fioles, Pannessières, etc.

MATIÈRES UTILES.

Groupe A.

L'oolithe ferrugineuse de Monay, Ougney et Aresches, est utilisée depuis longtemps par les forges du Jura.

Groupe B.

Le calcaire à entroques fournit une des meilleures pierres du département, pour les constructions, les pavés et les routes.

Groupe D.

Les marnes de ce groupe sont employées à la construction des fours à pain, au groisement des chemins et à l'amendement des terres.

LOCALITÉS.

1er Arrondissement. — Lons-le-Saunier, Bornay, Chilly-le-Vignoble, Condamine, Courbouzon, Courlans, Courlaoux, Saint-Didier, L'Etoile, Frébuans, Geruge, Gevingey, Macornay, Messia, Moiron, Montmorot, Trenal, Vernantois, Villeneuve-sous-Pymont, Saint-Amour, Balanod, Chevreaux, Digna, Saint-Jean-D'Etreux, Loisia, Montagna-le-Reconduit, Poisoux, Véria, Villette-lès-St-Amour, Cornod, Saint-Hymathière (Anchay), Toirette, Beaufort, Augisey, Bonnaud, Arthenas, Sainte-Agnès, Cousance, Cuisia, Grusse, Saint-Laurent-la-Roche, Mallery, Maynal, Orbagna, Rosay, Rotalier, Vercia, Vincelles, Augea, Arlay, Quintigny, Mesnois, Poitte, Conliège, Briod, Châtillon-sur-Courtine, Chille, Courbette, Crançot, Saint-Maur, Montaigu, Nogne, Pannessières, Perrigny, Poids-de-Fioles, Publy, Revigny, Verges, Vevy, Alièze, Beffia, Cressia, Dompierre, Marnézia, Mérone, Moutonne, Pymorin, Présilly, Sarogna, Sezeria, Orgelet, Saint-Julien, Andelot-lès-Saint-Amour, Sellières, Bréry, Darbonnay, Saint-Lamain, Saint-Lothain, Mantrey, Monay, Passenans, Toulouse, Vers-sous-Sellières, Villerserine, Voiteur, Baume, Blois, Château-Châlons, Domblans, Le Fied, Frontenay, Granges-sur-Baume, Ladoye, Lamare, Lavigny, Menétru-le-Vignoble, Montain, Nevy-sur-Seille, le Pin, Plainoiseau, le Vernois.

2me Arrondissement. — Dampierre, Antorpe, La Barre, Monteplain, Orchamps, Auxange, Ougney, Louvatange, Malange, Pagney, Vitreux, Frasne, Montmirey-la-Ville, Audelange, Jouhe, Lavans, Lavangeot, Raynans, Roumange, Sampans.

3me Arrondissement. — Poligny, Abergement-le-Petit, Aumont, Barretaine, Bersaillin, Le Bouchaud, Brainans, Chamole, Chaussenans, les Faisses, Fay-en-Montagne, Grozon, Molain, Montholier, Picarreau, Plasne, Tourmont, Vaux-sur-Poligny, Arbois, Abergt-le-Grand, Les Arsures, La Châtelaine, Saint-Cyr, Mathenay, Mesnay, Molamboz, Montigny-les-Arsures, Montmalin, Les Planches, Pupillin, Vadans, Bourg-de-Sirod, Syam, Vaudioux, Les Nans, Salins, Abergement-les-Thésy, Aresches, Bracon, Cernans, Champagny, Chaux-sur-Champagny, Chilly-sur-Salins, Fonteny, Ivory, Marnoz, Pont-d'Héry, Pretin, Saizenay, Thésy, Saint-Thiébaud, Pagnoz.

4me Arrondissement. — Saint-Claude, Prénovel, Villard, Saint-Sauveur.

ONZIÈME ÉTAGE. — BATHONIEN (D'OMALIUS).

SYNONYME. — Grande oolithe.

Cet Etage peut être divisé en deux groupes.

A. — Great-oolithe et Forest-Marble des Anglais. Ces deux parties, bien distinctes dans le département du Doubs, sont peu distinctes dans celui du Jura.

B. — Cornbrash ; Marnes de Bradfort ; partie de la Dalle nacrée de Thurmann.

Groupe inférieur A. — Puissance 15 mètres.

Calcaires compactes et oolithiques miliaires, à grains assez nets.

La couleur est grise avec taches bleuâtres ou roussâtres à l'intérieur. Les calcaires blancs exposés longtemps à l'air prennent une légère teinte rose à la surface. Les bancs ont de 0,25 à 0,60^{c}, bien lités. Fossiles très-rares et empâtés.

Localités types. — Andelot-en-Montagne , Saint-Germain , Champagnole, Vaudioux, etc.

Groupe supérieur B. — Puissance 10 mètres.

Calcaires compactes ou oolithiques miliaires , sub-crétacés, à facettes miroitantes, passant souvent à une lumachelle, et ayant alors un reflet subnacré ; très-fissiles , s'enlevant par petites dalles. A la partie supérieure, au voisinage du Callovien, la surface des strates est souvent enduite d'une couche très-tenace de fer hydraté. En quelques localités se rencontre un ou plusieurs dépôts de marnes calcaires grises et arides, les fossiles y sont alors nombreux.

Fossiles caractéristiques. — *Nautilus subbiangulatus. Amm. macrocephalus. Purpurina. Nerinea Voltzii ; N. acicula. Natica Verneuilli. Trochus spiratus. Patella rugosa. Bulla. Pholadomya Murchisoni. Gresslya rostrata. Homomya gibbosa. Ceromya striata. Thracia viceliacensis. Ceromya pinguis. Trigonia undulata. Isocardia minima. Mytilus Sowerbyanus. Avicula echinata. Gervilia acuta. Perna luciensis. Pecten vagans. Ostrea bathonica ; O. luciensis ; O. costata ; O. ampulla. Rhynchonella decorata ; R. Zietenii. Terebratula digona ; T. coarctata ; T. intermedia.* Bryozoaires nombreux et variés. *Nucleolites clunicularis ; N. latiporus. Apiocrinus Parkinsoni. Pentacrinus Buvigneri.* Amorphozoaires. Tiges de plantes calcaréo-marneuses ou ferrugineuses.

La Dalle nacrée, si commune dans le Doubs , est très-rare dans le Jura.

Localités types. — Courbouzon , Augisey, Senaud, Crêt-des-Echos, près Pont-d'Héry, Thésy, St-Claude.

MATIÈRES UTILES.

Les calcaires du premier groupe fournissent de très-bons matériaux de construction : taille, moellons et chaux grasse.

Ceux du deuxième groupe offrent rarement des bancs assez épais pour la taille, mais on extrait des moellons de bonne qualité. Tous les calcaires de l'Etage sont fort employés au ballast des routes. Les marnes maigres servent à la confection des fours à pain.

LOCALITÉS.

1er Arrondissement. — Courbouzon, Gevingey, Chevreaux, Saint-Jean-d'Etreux, Loisia, Nantey, Poisoux, Senaud, Thoissia, Véria, Villette-lès-St-Amour, Ceffia, Charnod, Cornod, Anchay, Marigna-sur-Valouze, Savigna, Thoirette, Viremont, Augisey, Bonnaud, Arthena, Cesancey, Ste-Agnès, Cousance, Gizia, Grusse, St-Laurent-la-Roche, Rosay, Rotalier, Vincelles, Charcier, Hautecour, Largillay, Marigny, Poitte, Mesnois, Vertamboz, Châtillon-sur-Courtine, Crançot, St-Maur, Mirebel, Nogna, Pannessières, Poids-de-Fioles, Publy, Verges, Vevy, Orgelet, Chambéria, Chavéria, Cressia, Dampierre, Ecrilles, Essia, Marengea, Marnézia, Mérona, Montjouvent, Moutonne, Nancuise, Nermier, Onoz, Pymorin, Plaisia, Présilly, Rhétouse, Rothonay, Sarrogna, Varessia, Tour-du-Meix, St-Julien, Andelot-lès-St-Amour, Balme-d'Epy, Bourin, Broissia, Dessia, Epy, Lanéria, Louvenne, Monnetay, Montagna-le-Templier, Montfleur, Montreval, Morval, Villechantria, Sellières, le Fied, Lamare.

2e Arrondissement. — Dôle, Azans, Champvans, Monnières, Sampans, Antorpe, Courtefontaine, Evans, Monteplain, Ranchot, Salans, Gendrey, Auxange, Louvatange, Malange, Ougney, Pagney, Roufflange, Saligney, Sermange, Serre-lès-Moulières, Taxenne, Brans, Frasne, Montmirey-la-Ville, Rochefort, Auxange, Châtenois, Jouhe, Nenon.

3e Arrondissement. — Barretaine, Bezain, Chaussenans, les Faisses, Fay-en-Montagne, Molain, Picarreau, Plasne, Arbois, la Châtelaine, Champagnole, Andelot-en-Montagne, Ardon, Bourg-de-Sirod, Chapois, Châtelneuf, Cise, Crotenay, Equevillon, St-Germain-en-Montagne, Larderet, Latet, Mouthoux, Monnet-la-Ville, Montigny-sur-Ain, Montrond, Ney, Le Pasquier, Pont-du-Navoy, Sapois, Syam, Valempoulières, Vannoz, Vaudioux, Vers-en-Montagne, les Planches-en-Montagne, Entre-deux-Monts, Foncine-le-Bas, Salins, Abergement-lès-Thésy, Aresches, Cernans, Clucy, Dournon, Geraize, Lemuy, Marnoz, Montmarlon, Pont-d'Héry, Thésy, Grange-de-Vaivre, Pagnoz, Port-Lesney.

4e Arrondissement. — St-Claude, Chaumont, Chevry, Leschère, Saint-Lupicin, Molinges, Molunes, Banchotte, Ravilloles, Villard-St-Sauveur, Bouchoux, Choux, Coiserette, Coyrière, Vulvoz, Châtel-de-Joux, Crozets, Etival, Grand-Châtel, Jeurre, Martigna, Pretz, Chaux-du-Dombief, Crillat, les Piards, Prénovel.

DOUZIÈME ÉTAGE. — CALLOVIEN (D'ORBIGNY).

SYNONYME. — Fer sous-oxfordien (Marcou).

Calcaire marneux, jaunâtre, quelquefois gris-bleuâtre, à cassure raboteuse, texture serrée, structure très-variée passant du schistoïde au massif.

La roche empâte des pisolites ferrugineuses lenticulaires, miliaires, à reflet métallique. Les marnes calcaires sont tendres, à cohésion faible, d'aspect terreux et tachant les doigts en jaune. Lorsque le fer manque, le calcaire est marneux, gris, à texture serrée, à cassure esquilleuse. Les fossiles de même nature que la roche sont difficiles à détacher.

Dans la partie méridionale du département, les couches ferrugineuses de cet étage y sont rares et manquent même tout à fait; mais le synchronisme est justifié par les fossiles.

Puissance. . . . . 4 à 5 mètres.

Fossiles caractéristiques très-nombreux. — *Bel. latesulcatus. Nautilus hexagonus; N. granulosus. Amm. macrocephalus; A. coronatus; A. Jason; A. lunula; A. anceps; A. Duncani; A. calloviensis; A. pustulatus. Solarium sarthacensis. Pleurotomaria cypris. Pholadomya carinata; P. angulata; P. decussata. Trigonia elongata; T. cardissa. Arca Chauviniana. Myachonca obtusa. Mytilus gibbosus; M. imbricatus. Lima duplicata. Gervilia aviculoïdes. Pecten fibrosus; P. demissus; P. subarticulatus. Hinnites paniscus. Ostrea Marshii; O. dilatata. Rhynchonella Royeriana; R. major; R. decorata. Terebratula impressa; T. Pala; T. reticulata; T. ornithocephala; T. bicanaliculata; T. triquetra. Dysaster ellipticus; D. ovalis. Nucleolites micraulus; N. elongatus. Holectypus striatus. Pygaster umbrella. Pygurus depressus. Diadema superbum. Discoidea plana.*

MATIÈRES UTILES.

Le minerai de fer, exploité autrefois, est abandonné aujourd'hui, son faible rendement n'étant plus en rapport avec le prix du combustible. Celui des Viousses (Andelot-en-M.), exploité au fourneau de Montaine, provenait d'un dépôt de lavage naturel, ancien.

LOCALITÉS.

1er Arrondissement. — Courbouzon, Senaud, Aromas, Dramelay, Sesignat, Châtillon-sur-Courtine, Publy, Verges, Lanéria.

2e. — Dôle.

3e. — Champagnole (Montrevel), Andelot-en-M. Crotenay, Clucy, Vaudioux, les Planches-en-Mont. (Entre-Côtes).

4e — St-Claude, Chaumont, Coyrière, Pratz, Prénovel.

TREIZIÈME ÉTAGE. — OXFORDIEN.

Nous divisons cet Etage en trois groupes :

A. Groupe inférieur. — Marnes oxfordiennes, à fossiles pyriteux.
B. — moyen. — Spongitien (Etallon).
C. — supérieur. — Argovien (Marcou).

Groupe A. — Puissance 5 à 25 mètres.

Marnes argileuses, grasses, pâteuses, d'un bleu plus ou moins foncé ; elles sont homogènes, à cassure terreuse, se fendillent en séchant, se désagrégent à l'air, et font fortement effervescence. La structure en petit est massive, subschisteuse ; en grand, elle est régulière, sans interruption de couches calcaires. Le sulfate de fer qu'elles contiennent en abondance, forme une efflorescence blanchâtre sur les marnes et se trouve d'une amertume prononcée. Tous les fossiles, à l'exception des Belemnites, des Ostrées, de quelques Térébratules et Pentacrines, sont pyriteux, d'abord bronze clair, puis à l'air, selon le degré d'oxydation ou de décomposition, jaune doré, brun, enfin rouge. Les lignites pyriteux, assez abondants, sont plus promptement décomposés.

Fossiles caractéristiques. — *Belemnites hastatus* ; *B. Sauvanausus. Amm. cordatus* ; *A. plicatilis* (biplex) ; *A. scaphytoïdes* ; *A. arduennensis* ; *A. perarmatus* ; *A. Eugenii* ; *A. Backeriæ* ; *A. Henrici* ; *A. Hersilia* ; *A. Mariæ* ; *A. Goliathus* ; *A. oculatus* ; *A. tortisulcatus* ; *A. tatricus* ; *A. crenatus* ; *A. Fromentelii. Arca parvula. Nucula Hammeri* ; *N. subovalis* ; *N. electra. Leda nuda. Rhynchonella Thurmanni* ; *R. labiata. Terebratula impressa* ; *T. insignis. Pentacrinus pentagonalis. Turbinolia dispar. etc.*

Localités types. — Vaudioux, Chapois, Andelot-en-M. Clucy, Champagnole, la Fresnée, Crêt-Dessus (St-Claude), Prénovel, etc.

Groupe B. — Puissance très-variable selon les localités, de 8 à 20 mètres.

Calcaires compactes, un peu marneux, grisâtres, avec de nombreuses taches de fer oxydé, renfermant une grande quantité d'Amorphozoaires, de Serpules souvent pyriteuses, et quelques *Amm. plicatilis* non pyriteuses.

Fossiles caractéristiques. — *Amm. plicatilis. Plicatula tubifera. Pecten subtextorius. Ostrea Blandina. Rhynchonella lacunosa. Hemithyris senticosa. Terebratula bicanaliculata* ; *T. bucculenta. Dysaster granulosus. Eugeniacrinus.* etc. Amorphozoaires.

Localités types. — Vaudioux, Supt, Andelot-en-M. Champagnole, Prénovel, Tressus (St-Claude).

Groupe C. — Puissance, 130 à 200 mètres.

Marnes argileuses, bleu grisâtre, alternant avec de nombreuses couches de calcaires marneux très-compactes, blanc grisâtre, à texture grenue, à cassure conchoïdale, esquilleuse et lisse. Ces assises de calcaires ont de 0^m20 à 0^m80 d'épaisseur, et sont disposées comme des lignes de pavés, quelquefois continues, d'autres fois représentant l'aspect de rognons céphalaires, quelquefois à zones concentriques et renfermant alors quelques cristaux de chaux carbonatée. Des assises minces de grès schisteux, gris jaunâtre et bleuâtre, contiennent des empreintes végétales.

Dans les masses marneuses se montrent des plaques et cristaux de chaux sulfatée (gypse), le plus souvent fibreux, mais trop disséminés pour en permettre l'exploitation en grand.

Les couches calcaires sont souvent pénétrées ou enduites de fer hydraté, principalement dans les couches à Pernes.

Fossiles caractéristiques. — *Amm. plicatilis; A. canaliculatus; A. cordatus; A. oculatus; A. Henrici. Turbo Meriani. Phasianella striata. Panopæa peregrina. Pholadomya pelagica; P. parcicosta; P. exaltata; P. similis; P. cingulata; P. cardissoides; P. hemicardia; P. concentrica. Goniomya sulcata; G. litterata; G. marginata. Gresslya sulcosa. Cercomya siliqua; C. pinguis. Ceromya alata. Thracia Frearsina. Corimya pinguis, Mactromya gibbosa. Trigonia clavellata. T. monilifera. Pinna lanceolata. Myoconcha Bathieriana. Mytilus consobrinus; M. imbricatus. Perna quadrilatera. Pecten singulatus; P. subtextorius. Ostrea dilatata; O. gregaria. Terebratula insignis; T. bucculenta; T. vicinalis. Dysaster granulosus; D. propinquus. Collyrites capistratus. Rhabdocidaris copeoides. Cidaris coronata. Pentacrinus pentagonalis.*

MATIÈRES UTILES.

Toutes les marnes, principalement celles du groupe A, sont précieuses pour l'amendement des terres, à cause de la quantité de sulfate de fer et de débris de matières organiques qu'elles renferment; on en fabrique aussi des tuiles de bonne qualité, à la condition, toutefois, qu'elles soient cuites au maximum.

Les calcaires conviennent peu aux constructions, par rapport à la grande quantité d'argile qu'ils contiennent; mais cette composition les rend très-propres à la fabrication de bonnes chaux hydrauliques.

LOCALITÉS.

1er Arrondissement. — Courbouzon, Vaux-sous-Bornay, Gevingey, Saint-Amour, Gray et Charnay, Loisia, Montagna-le-Reconduit, Nantey, Poisoux, Senaud, Thoissia, Villette-lès-Saint-Amour, Aromas, la Boissière, Ceffia, Cernon, Charnod, Chatonnay, Chemilla, Dramelay, Fétigny, Anchey, Legna, Marigna-sur-Valouze, Savigna, Valfin-sur-Valouze, Viremont, Vosbles, Augisey, Arthena, Cesancey, Gizia, Grusse, Saint-Laurent-la-Roche, Rosay, Rotalier, Arlay, Clairvaux, Barézia, Bissia, Charcier, Charezier, Doucier, Largillay, Marigny, Mesnois, Patornay, Poitte, Soucia, Soyria, Vertamboz, Villard-sur-l'Ain, Blye, Châtillon-sur-Courtine, Mirebel, Orgelet, Beffia, Chambéria, Chavéria, Cressia, Ecrilles, Essia, Marangea, Montjouvent, Nancuise, Nermier, Onoz, Pymorin, Reythouse, Rothonay, Sarogna, Tour-du-Meix, Varessia, Saint-Julien, Andelot-lès-Saint-Amour, Balme-d'Epy,

Bourcia, Broissia, Dessia, Epy, Florentia, Gigny, Lains, Lanéria, Louvenne, Monnetay, Montagna-le-Templier, Montfleur, Montrevel, Morval, Villechantria, Villeneuve-les-Charnod, Sellières.

2e Arrondissement. — Dôle, Azans, Champvans, Foucherans, Monnières, Antorpe, Evans, Amange, Authume, Châtenois, Nenon, Wriange.

3e Arrondissement. — Bezain, les Faisses, Picarreau, Champagnole, Andelot-en-Montagne, Chapois, Châtelneuf, Cize, Crotenay, Equevillon, Loulle, Monnet-la-Ville, Montigny-sur-l'Ain, Montrond, Mont-sur-Monnet (Balerne), Ney, Pillemoine, Pont-du-Navois, Supt, Syam, Valempoutières, Vannoz, Vaudioux, les Nans, Mournans-les-Planches-en-Montagne, Salins, Aiglepierre, la Chapelle, Clucy, Dournon, Géraize, Lemuy, Montmarlon, Pont-d'Hiry, Saint-Thiebaud (Poupet), Cramans, Granges-de-Vaivre, Pagnoz, Port-Lesney.

4e Arrondissement. — Saint-Claude, Chaumont, Chevry, Lajoux-Mijoux, Leschères, Molunes, Ponthoux, Ranchette, Septmoncel, Villard-Saint-Sauveur, Bouchoux, Belle-Combe, Choux, Coyrière, Hautes-Molunes, Larivoire, Moussières, Siéges, Viry, Vulvoz, Moirans, Charchilla, Châtel-de-Joux, Coyron, Crenans, Crozets, Maisod, Martigna, Meussia, Pratz, Villard-d'Héria, Morez, Bellefontaine, Morbier, Prémanon, Saint-Laurent, Château-des-Prés, Chaux-des-Prés, Chaux-du-Dombief, Crillat, Denezières, La Frasnée, Saint-Maurice, les Piards, Prénovel, le Saugeot, Uxelles.

Coupe de l'Etage Oxfordien, du Vaudioux, par M. Frédéric Thevenin, d'après ses notes manuscrites.

A	Marnes oxfordiennes à fossiles pyriteux . . puissance.	26m	»
B	Calcaire, calcaréo-marneux, grisâtre, avec Serpules et Amorphozoaires. . . . . . puissance. 2m Marnes et bancs de calcaires argileux alternant. p. 6	8	»
C	1. Couches de marnes grises, alternant avec des bancs calcaréo-marneux. — *Amm. plicatilis*. . . . puissance.	7	20
	2. Trois bancs de calcaires et trois couches de marnes alternant. — *Dysaster granulosus*. . . . . p.	11	70
	3. Trois couches de calcaires et trois de marnes grises. — *Belemnites. Hemithyris senticosa. Terebra bucculenta*; *T. vicinalis. Rhabdocidaris copeoides. Pentacrinus. Eugeniacrinus*, etc. . . . . p.	14	30
	4. Deux couches calcaires avec marnes alternant. . . . p.	1	»
	5. Marnes bleues. . . . . p.	10	»
	6. Calcaires marneux en feuillets, couches à Céromyes. p.	»	20
	A reporter. . . .	44	40

	Report. . . .	44	40
7.	Marnes à *Ostrea dilatata*, avec grès calcaréo-siliceux. p.	40	»
8.	Trois couches calcaires à Pernes, 1m30; trois couches de marnes, 15m . . . . Ens. p.	16	30
9.	Calcaire à Artartes et Turbo, 0m30 ; marnes, 4m. Ens. p.	4	30
10.	Calcaire à Goniomyes, 0m20; marnes, 1m20. . Ens. p.	1	20
11.	Une couche argilo-calcaire à Pholadomyes, Gervilies, Peignes et Astartes . . . . p.	4	»
12.	Deux couches marno-calcaires à *Ostrea gregaria*. . . p.	2	50
13.	Calcaire, un banc, 0m20; marnes, 2m50 . . . Ens. p.	2	70
14.	Une couche à Pernes et Avicules, 0.35; marnes 15m Ens. p.	15	35
	TOTAL.	130m	75

QUATORZIÈME ÉTAGE. — CORALLIEN.

Cet Etage peut être divisé en deux groupes :

A. Groupe inférieur. — Calcaire corallien, avec trois facies, selon le plus ou le moins de profondeur des mers, lors des dépôts.

B. Groupe supérieur. — Oolithe corallienne. — Dicératien (Étallon).

Groupe inférieur A.

1er Sous-groupe : Argiles à Chailles.
2° id. Calcaires marneux et à Polypiers.
3e id. Calcaire compacte.

Dans les régions littorales, on trouve, à la base de l'Etage, des assises d'argiles sableuses jaunâtres, avec rognons siliceux, appelés *Chailles*. A mesure qu'on s'enfonce davantage dans les régions subpélagiques, ces argiles avec chailles diminuent rapidement de puissance, les chailles deviennent calcaréo-marneuses, et on rencontre les couches à Polypiers et à Coraux ; dans les parties où ces derniers abondent, les calcaires sont marno-siliceux, de couleur grisâtre, en couches peu épaisses, alternant avec des bancs de marnes schisteuses d'un gris jaunâtre, rendues plus ou moins rugueuses par la présence de la silice, passant quelquefois à la calcédoine.

Les calcaires marneux, à marnes grisâtres ou bleuâtres, à la base, accompagnées de parties plus dures, grossières, sont très-fossilifères; les fossiles y sont détachés de la roche, et souvent sous l'apparence de sphéroïtes calcaréo-marneux, recouverts d'une couche de 2 à 3 millimètres, à surface grenue, dont les mamelons sont souvent bruns; c'est presque toujours ainsi que se montre la *Rhynchonella inconstans* de cette division. C'est la zone des Millericrinus et d'Echinides qui n'apparaissent que là.

Les calcaires coralliens qui recouvrent ces marnes alternent parfois avec elles; mais le plus souvent la séparation est nette. Les calcaires sont compactes, homogènes; en général blancs, prenant quelquefois une teinte bleuâtre; en bancs puissants, à stratification régulière et continue; en massif uniforme ou peu accidenté.

Puissance du Groupe : A la Chapelle 25ᵐ ; à Pagnoz 35ᵐ ; à Pillemoine 65ᵐ ; à Gevingey 30ᵐ ; aux environs de Saint-Claude (Etallon) 255ᵐ.

Localités types. — Sellières, la Chapelle (*Polypiers*), les Nans, Mournans (calcaire marneux), Cesancey, Gevingey, Cogna, Pillemoine, Mournans, Foncine (calcaires compactes).

Fossiles caractéristiques. — La Chapelle : *Cidaris Blumenbachii. Stomechinus perlatus. Glyptichus hieroglyphicus. Apiocrinus. Millericrinus. Isastrea explanata. Thamnastrea arachnoides; Tham. concinna*, etc.

(Calcaires marneux.) *Arca ringens. Rhynchonella inconstans. Terebretella Fleuriausa. Cidaris spinosa. Millericrinus. Thecosmilia annullaris*, etc.

Groupe supérieur B.

Calcaires compactes, empâtant une grande quantité d'oolithes miliaires ou cannabines, à cassure raboteuse, couleur blanche ou jaunâtre, très-fossilifères. La stratification est régulière, par assises de 0ᵐ40 à 0ᵐ80.

Puissance du Groupe : A Pagnoz et a la Chapelle 7 à 8ᵐ ; à Pillemoine 22ᵐ ; aux environs de Saint-Claude 110ᵐ.

Fossiles caractéristiques. — *Nerina Bruntutana; N. Bernardina; N. Cabanatiana; N. Defrancei; N. Desvoydii; N. Mariæ; N. Mosæ; N. umbilicata; N. visurgis*, et une foule d'autres. *Acteonina acuta. Natica grandis; N. amata. Neritopsis decussata; N. corallina; N. Cottaldina. Pileolus radiatus. Turbo princeps; T. Cotteausius. Phasianella Buvignieri. Trochotoma Humbertiana; T. discoidea. Colombellina n. sp. Pterocera aranea. Purpurina Moreausia. Rostellaria Deshayesia. Cerithium prismoideum. Emarginula. Patella corallinus. Pholadomya. Cyprina Bernardina. Trigonia corallina. Lucina ingens. Corbis elegans; C. decussata. Cardium corallinum; C. septiferum. Mytilus pectinatus. Lima angustata. Avicula. Pecten collineus; P. vimineus. Diceras arietina; D. Munsteri; D. Bernardina. Ostrea solitaria. Rhynchonella inconstans. Terebratula Repeliniana; T. equestris; T. insignis. Desorella jurensis. Arbacia granulosa. Glyptichus hieroglyphicus. Pseudodiadema Bonjouri. Acrosalenia decorata. Cidaris ovifera. Millericrinus*. Un très-grand nombre de Polypiers.

MATIÈRES UTILES.

Les calcaires compactes donnent de bons matériaux pour les constructions : taille, moellons, dalles et chaux grasse.

L'Oolithe corallienne fournit quelques bons bancs pour les mêmes usages, surtout la *Vergenne* de Port-Lesney, connue sous le nom de *Pierre de Mouchard*, employée à la sculpture.

Lorsque les calcaires compactes ont le grain fin et serré, ils sont susceptibles de recevoir le poli du marbre, et sont d'un bel effet à cause des marbrures roses, bleues, ou jaunes de la pâte. Malheureusement, ces calcaires sont assez sujets à se déliter, quelquefois même en feuillets de 1 à 10 centimètres, ce qui nuit à la bonne conservation des blocs exposés à l'air ; les essais tentés à Charbonny, Mournans, le Franois et Pymorin, ont été abandonnés par rapport à ce défaut. Les dendrites sont assez communes à la surface des strates de ce calcaire.

LOCALITÉS.

1er arrondissement. — Gevingey, Saint-Jean-d'Etreux, Montagna-le-Reconduit, Nantey, Thoissia, Viria, Villette-lès-Saint-Amour, Arinthod, Aromas, la Boissière, Ceffia, Cernon, Cézia, Charnod, Chatonnay, Chisséria, Dramelay, Fétigny, Genod, Saint-Hymetière, Lavans-sur-Valouze, Marigna-sur-Valouze, Savigna, Valfin-sur-Valouze, Viremont, Vosbles, Cesancey, Sainte-Agnès, Grusse, Rosay, Vincelles, Beaufort, Arlay, Clairvaux, Charcier, Chevrotaine, Cogna, Doucier, Fontenu, le Frasnois, Hautecour, Largilley, Marigny, Ménétrux-en-Joux, Soucia, Thoiria, Vertamboz, Blye, Châtillon-sur-Courtine, le Bourget, Cressia, Onoz, Pymorin, Dessia, Florentia, Gigny, Lains, Lanéria, Louvenne, Monnetay, Montagna-le-Templier, Montfleur, Montrevel, Villechantria, Villeneuve-lès-Charnod, Sellières, Vers-sous-Sellières.

2e arrondissement.— Dôle, Biarne, Champvans, Crissey, Damparis, Monnières, Courtefontaine, Etrepigney, Fraisans, Our, Plumont, Rans, Salans, Ougney, Vitreux, Chevigney, Marpain, Montmirey-la-Ville, Mutigny, Thervay, Amange, Archelange, Authume, Châtenois.

3e arrondissement. — Champagnole, Bourg-de-Sirod, Châtelneuf, Cize, Equevillon, Lent, Loulle, Montigny-sur-l'Ain, Mont-sur-Monnet, Ney, Pillemoine, Syam, Vannoz, Vaudioux, Cuvier, Mournans, les Nans, Onglières, Plénise, Plénisette, Charbonny, Les Planches-en-M. Chaux-des-Croteney, Entre-deux-Monts, Foncine-le-Haut (Crôt), Salins, Aiglepierre, La Chapelle, Dournon, St-Thiébaud (Poupet), Champagne, Cramans, Grange-de-Vaivre, Mouchard, Pagnoz, Port-Lesney.

4e arrondissement.— St-Claude, Chaumont, Chevry, Cinquétrel, Cuttura,

La Joux-Mijoux, Leschères, St-Lupicin, Pontoux, Ranchette, La Rixouse, Septmoncel, Valfin-lès-St-Claude, Vaux-lès-Molinges, Villard-St-Sauveur, Bouchoux, Bellecombe, Choux, Coiserette-Coyrière, Larivoire, Moussières, Siéges, Viry, Vulvoz, Moirans, Charchille, Châtel-de-Joux, Coyron, Cressans, Crozets, Grand-Châtel, Lect, Maisod, Martigna, Meussia, Montcusel, Villard-d'Héria, St-Laurent, Château-des-Prés, Crillat, Denezières, La Frasnée, St-Maurice, Petites-Chiettes, Les Piards, Prénovel, Saugeot, Uxelles.

Coupe de Pillemoine au Chenet, par Frédéric Thevenin, du Vaudioux, d'après ses notes manuscrites.

A.	1° Calcaire compacte, avec interpositions marneuses. 2° Calcaire oolithique, avec Entroques et Cidaris.	puissance :	30 m.	65
	3° Calcaire à Polypiers	id.	8	
	4° Calcaire compacte bleu, puis blanchâtre, avec bancs dolomitiques. .	id.	12	
	5° Calcaire compacte et lumachellique, fin, puis plus grossier.	id.	15	
B.	6° Oolithe corallienne	id.	12	22
	7° Calcaire à Nérinées.	id.	10	
	Total			87 mètres.

QUINZIÈME ÉTAGE. — KIMMÉRIDGIEN (D'ORBIGNY).

Malgré les tentatives de quelques géologues d'un grand mérite, de réunir cet étage au Portlandien, nous continuons avec beaucoup d'auteurs d'un mérite aussi incontestable, à le maintenir séparé, à cause de ses caractères pétrographiques et paléontologiques bien tranchés ; seulement, à l'exemple de M. Alcide D'Orbigny, nous commençons cet étage par le Séquanien ou Astartien, abandonné par ses auteurs, MM. Thurmann et Marcou.

Nous divisons donc le quinzième Etage en trois groupes :

A. — Groupe inférieur. — Séquanien. — Astartien.

B. — — moyen. — Marnes du Banné (Marcou).

C. — — supérieur. — Calcaires Kimméridgiens.

Groupe A. — Puissance 31 mètres.

Très-abondant dans le Doubs, ce terrain finit, ou à peu près, dans le Jura, à la Chapelle, Port-Lesney et Mouchard ; dans tout le reste du département on ne rencontre que quelques-uns de ses fossiles, mais sans les caractères pétrographiques.

1° Calcaires compactes, gris-bleuâtre, à cassure conchoïdale, souvent avec des taches violettes, à pâte très-fine, renfermant fréquemment des oolithes ellipsoïdales de la grosseur d'une noisette. Plusieurs couches sont subschisteuses, avec impressions dendritiques ; d'autres ont une structure bréchiforme avec nids et veines spathiques. Les bancs sont bien stratifiés par assises variant de 0,10 c. à 0,60 c. . . . . . . Puissance 28 mètres.

Fossiles caractéristiques. — *Nerita cancellata. Natica dubia. Apiocrinus Meriani. Astrea sex-radiata.* Tiges de plantes.

2° Marnes grises, avec interposition de calcaire marneux souvent très-oolithique, renfermant de nombreuses veines d'oxyde de fer qui sont comme plaquées sur les bancs calcaires. . . . . Puissance 3 mètres.

Fossiles caractéristiques. — *Natica turbiniformis ; N. macrostoma. Lucina Elsgaudiæ. Astarte minima. Trigonia suprajurensis. Ostrea sequana ; O. Bruntrutana ; O. sandalina. Rostellaria Wagneri. Turritella mille-millia. Chemnitzia Heddingtonis*, etc.

Localités types. — La Chapelle, Pagnoz, Aiglepierre.

Groupe B. — Puissance 40 à 50 mètres.

Calcaires marneux, sableux, gris-jaunâtre, se délitant à l'air, le plus souvent en feuillets ou en fragments rudes au toucher. Quelques bancs à grains serrés, de couleur bleu-noirâtre, sont remplis de grains noirs de silicate de fer.

Fossiles caractéristiques. — *Nautilus Moreanus ; N. inflatus. Amm. gigas. Pterocera oceani* (caractéristique). *Homomya hortulana. Ceromya excentrica ; C. obovata. Arcomya helvetica. Corimya Studeri ; C. tenera. Natica hemisphærica ; N. globosa. Pholadomya protei* (caractéristique) ; *Ph. multicostata* (caractéristique). *Avicula Gesneri. Mytilus jurensis. Spondylus inæquistriatus. Pinnigena Saussuri* (Trichites). *Avicula subplana. Trigonia muricata ; T. papillata. Ostrea solitaria. Terebratula subsella. Cidaris baculifera. Ostrea virgula. Montlivaltia Lesueurii. Stylina imbricata*, etc.

Localités types. — La Chapelle, Salins, Bourg-de-Sirod, Crans, Loulle, Petites-Chiettes.

Groupe C. — Puissance 6 à 7 mètres.

Calcaires très-compactes, de couleur gris-blanchâtre, à cassure conchoïde, écailleuse ou lisse ; stratification en bancs souvent peu épais, se délitant bien, alors gris-bleu dans l'intérieur, sonores, traversés souvent par des filets spathiques de chaux carbonatée connus des ouvriers sous le nom de *poils*.

Au-dessus se montrent des bancs puissants de calcaires blanc-jaunâtre, à cassure irrégulière, fendillés dans tous les sens, et se divisant à l'air en fragments anguleux ; la pâte en est fine, souvent cristalline, malgré la présence de petites oolithes. Quelques parties sont criblées de trous sinueux dichotomisés, paraissant résulter de la décomposition de tiges de plantes. Calcaires xyloïdes assez communs. Les Nérinées n'y existent qu'à l'état de chaux carbonatée. Beaucoup de géodes offrent les mêmes cristallisations. C'est dans ces couches que l'on rencontre les tortues fossiles si abondantes à Soleure.

Puissance totale de l'Etage 70 mètres, aux Côtes chaudes (Crans).

Localités types. — Crans, Chiettes, Bourg-de-Sirod, Les Planches-en-Montagne.

MATIÈRES UTILES.

Groupe A. — Calcaires pour constructions ; marnes pour l'amendement des terres.

— B. — Chaux hydraulique ; marnes pour l'agriculture.

— C. — Dalles, pierres de taille et moellons ; marbre de Mignovillard.

LOCALITÉS.

La séparation des Etages Kimméridgien et Portlandien ne m'étant pas suffisamment connue dans une partie du département, l'indication des localités sera commune à ces deux Etages.

1er arrondissement. — Coisia, Cornod, Genod, St-Hymethière, Lavans-s.-Valouze, Sésignat, Thoirette, Vescles, Chevretaine, Fontenu, le Frasnois, Salloz, Songezon, Lains, Menetrux-en-Joux.

2e arrondissement. — Choisey, Damparis, Foucherans, St-Ilie, Chevigney, Thervay, Baverans, Brevans.

3e arrondissement. — Bourg-de-Sirod, Châtelneuf, Cize, Lent, Loulle, Ney, Sirod, Syam, le Vaudioux, Nozeroy, Communailles, Conte, Cuvier, Esavilly, la Favière, Fraroz, Froidefontaine, Gillois, Crans, la Lutette, Cerniébaud, Arsure, Arsurette, Longcochon, Mignovillard, Mournans, Onglières, Petit-Villard, Plénise, Plénisette, Rix, Trébief, Billecul, Censeau, Eserval, Tartre, les Planches-en-M. Bief-des-Maisons, Chalesmes, Chaux-des-Crotenay, Entre-deux-Monts, Foncine-le-Bas, Foncine-le-Haut, la Perrena, Treffay, Salins, Aiglepierre, La Chapelle, Ivrey, St-Thiébaud, Champagne, Cramans, Mouchard, Pagnoz, Port-Lesney.

4e arrondissement. — St-Claude, Avignon, Chassal, Chaumont, Chevry, Cinquétral, Cuttura, Lajoux-Mijoux, Lamoura, Lavans, St-Lupicin, Molunes, Pontoux, Ravilloles, la Rixouse, Valfin, Septmoncel, Villard-St-Sauveur, Coiserette, Hautes-Molunes, Moussières, Rognat, Viry, Vulvoz, Moirans, Chancia, Charchilla, Etival, Jeurre, Lect, Maisod, Pratz, Villard-d'Héria, Bois-d'Amont, Longchaumais, Prémanon, les Rousses, Tanoux, St-Laurent, la Chaumusse, Chaux-des-Prés, Fort-du-Plasne, Grande-Rivière, Lac-des-Rouges-Truites, St-Maurice, Petites-Chiettes, St-Pierre, Rivière-Devant.

SEIZIÈME ÉTAGE. — PORTLANDIEN.

Puissance de l'Etage 40 à 50 mètres.

1° Calcaire marneux, gris-jaunâtre, schistoïde, d'apparence dolomitique. — *Ostrea virgula.*

2° Calcaire compacte, gris-blanchâtre, avec taches roses ou bleues fondues dans la pâte. Ce calcaire à grains fins est susceptible de recevoir le poli du marbre; il résiste parfaitement aux influences des agents atmosphériques.

Localités types. — Gillois, Treffay, Sirod, Crans.

3° Calcaire compacte ou oolithique, gris-bleuâtre, par assises de 0,20 c. à 0,60 c. séparées par de minces couches de calcaires schisteux. C'est la couche à Nérinées et à *Trigonia gibbosa.*

4° Calcaires compactes, gris-blanchâtre ou bleuâtre, avec une assise recouverte d'une grande quantité de tiges de plantes à l'état calcaire, s'anastomosant entre elles dans tous les sens.

Nota. J'ai reconnu à Sirod une tige de plante dicotylédone empâtée dans la roche, sauf la partie supérieure, visible sur une longueur de deux mètres, au diamètre moyen de 0,15 c. L'écorce enveloppait la tige et consistait en une couche de 0,01 c. d'épaisseur, noire et à cassure brillante comme le jaïet.

5° Calcaire gris-blanchâtre, à cassure esquilleuse; par bancs réguliers de 0,20 c. à 0,50 c. avec interposition de couches schisto-marneuses. — Polypiers rares; quelques fossiles siliceux.

6° Dépôt de charriage, consistant en marnes grises avec petits fragments anguleux de calcaire grisâtre, renfermant beaucoup de fossiles. — Ptérocères, Cardium, Terebratules, etc.

7° Calcaire oolithique, gris-blanchâtre, à cassure irrégulière, se désagrégeant par la gelée. — Très-peu de fossiles.

8° Calcaire compacte, gris-jaunâtre, avec de nombreux rognons siliceux.

9° Calcaire compacte, souvent siliceux, très-dur (papeterie de Sirod), en feuillets dendritiques, contournés, en quelques localités (Sirod, Bourg-de-Sirod).

10° Calcaire lithographique, compacte, gris-blanchâtre, à pâte très-fine, se divisant en feuillets de 2 à 6 centimètres. Quelques dendrites et petites Nérinées (rares).

11° Calcaire dolomitique, gris-blanchâtre, marneux, à gros grains; quelquefois maculé de zones ou bandes roses ou jaunes ; tendre au sortir de la carrière et durcissant à l'air, se délitant en assises de 0,03 c. à 0,25 c. Ce calcaire est connu dans les montagnes du Jura sous le nom de *pierre à fours*, pour la construction desquels on l'emploie, ainsi qu'au dallage des foyers et des cuisines.

LOCALITÉS.

Mornans, Sirod, Crans, La Perrena, Les Planches-en-M. Chaux-des-Crotenay.

MATIÈRES UTILES.

Les calcaires des n°s 2, 3, 4, 5 et 9 conviennent aux constructions; ils s'emploient en moellons et chaux grasse.

Le n° 2, surtout, fournit le meilleur et le plus résistant des calcaires jurassiques des montagnes.

Le n° 10, bien choisi, peut fournir des pierres lithographiques.

Le n° 11 est utilisé pour les fours à pains, et fournit des dalles de médiocre qualité, surtout à l'air. Les sources qui jaillissent des dolomies sont peu recherchées pour l'usage des habitants, et leur emploi ne produit pas d'effet utile sur les prairies, si ce n'est sur celles à sous-sol graveleux. On emploie aussi cette dolomie pulvérisée, en la mélangeant avec les argiles blanches, à la fabrication des poteries communes (Prémanon).

ÉTAGE PURBECKIEN.

MM. Pidancet et Lory, 1847; Marcou, 1848; Coquand, 1853; Sautier, 1854; — Mémoires de la Société d'Emulation du Doubs.

Cet Etage, de formation d'eau douce, a été déposé, à la fin de la période jurassique, sur le Portlandien, auquel il se rattache par sa composition. Il est recouvert par le Néocomien, premier étage des terrains crétacés. Nous le divisons en cinq groupes.

Groupe A. — Puissance 60 centimètres.

Sur la dolomie portlandienne, une couche de *cargneules:* calcaires magnésiens marno-sableux, jaunâtres, cariés, et cloisonnés. Les parois des cloisons consistent en un calcaire cristallin et terreux; elles sont irrégulières, polyédriques ; les vacuoles sont remplies de marnes verdâtres.

Groupe B. — Puissance 4 à 5 mètres.

Argiles gypsifères. La roche dominante de l'étage de Purbeck est l'argile; tous les autres matériaux lui sont subordonnés ; ses couleurs sont le gris-cendré, le verdâtre ou le noirâtre; elle est disposée en couches minces, régulières, parallèles entre elles, offrant un nombre très-considérable de courbes ondulées, telles qu'on les observe fréquemment dans les terrains tertiaires lacustres.

Les argiles sont légèrement calcaires. Si le gris et le noirâtre sont les couleurs dominantes, les teintes verdâtres, rougeâtres ou jaunâtres sont souvent représentées, donnant à l'ensemble un aspect panaché et jaspoïde imitant les marnes irisées. Cette ressemblance est complétée par la présence du gypse qu'on exploite au milieu des argiles, et qui s'y trouve engagé sous forme d'amas lenticulaires interrompus, d'un volume variable. Quelquefois de petits cristaux de chaux sulfatée se rencontrent dans les marnes.

Groupe C. — Puissance, à Foncine, 17 à 20 mètres.

Gypse (sulfate de chaux). Cette substance n'existe pas en amas dans tous les dépôts du Purbeckien. En quelques localités (Nozeroy, Sirod, Treffay, les Rousses), le gypse n'est représenté que par de petits cristaux transparents, tandis qu'à Foncine-le-Bas il est en amas assez puissants, mais non continus. Il s'y présente à l'état fibreux, lamellaire ou saccharoïde; blanc et grisâtre, et souvent souillé de petites taches ferrugineuses, que la calcination développe encore au point de nuire à la blancheur du plâtre employé à l'intérieur des appartements. Absence complète de fossiles.

Groupe D. — Puissance 4 mètres.

Calcaires oolithiques marneux, gris ou brun-clair, plus ou moins compactes, renfermant des fossiles d'eau douce : Planorbes, Physes, Paludines et Cyclas. Puis viennent des plaquettes de calcaire compacte présentant une masse de petits corps orbiculaires, pris par les uns pour des Cypris crustacés, et par d'autres pour des oolithes.

Groupe E.

Calcaires à fossiles et marnes.

Immédiatement sur les argiles noirâtres on recueille une assez grande quantité de valves d'Ostrées indéterminées. Les calcaires d'eau douce sont surmontés de calcaires plus compactes, souvent oolithiques, avec interposition de marnes gris-jaunâtres, sableuses, contenant de petits fossiles : Nérinées, Trochus, Natices, Trigonies, Ostrées, Caprotines, Térébratules et Apiocrinus. La taille des fossiles va en augmentant en remontant la série néocomienne.

Observations. — A Foncine, les couches du Purbeckien, renfermant les gypses, ont subi un redressement vertical et sont exploitées perpendiculairement à l'horizon, par conséquent parallèlement à l'ordre de stratification, ce qui ne permet pas de juger de la puissance du dépôt de gypse; à La Rivière (Doubs, bassin de Pontarlier), à Censeau, le gypse déposé horizontalement n'a que trois mètres d'épaisseur, avec à peu près autant de marnes gris-bleuâtres , recouvertes d'une bande de cargnieules comme celle de la base de l'Etage. Cette bande supérieure se montre aussi à Foncine.

MATIÈRES UTILES.

L'usage du gypse, pour les constructions et pour l'amendement des terres, est trop connu pour en parler ici.

Les marnes, surtout les maigres, sont recherchées pour la construction des fours à pain.

LOCALITÉS CONNUES.

1er arrondissement. — Quoique cet Etage n'y ait pas encore été reconnu, faute d'observations, on est assuré de le rencontrer quelque part entre le Portlandien supérieur et le Néocomien inférieur. Nous en avons vu des traces aux Petites-Chiettes, non loin de Bonlieu, sur les bords de la tranchée de la route de Saint-Laurent.

2e arrondissement. — Cet Etage y est inconnu.

3e arrondissement. — Censeau, Cuvier, Conte, Doye, Esserval-Combe, Gillois, Nozeroy (moulin du Saut), Sirod, Syam, Treffay, Foncine-le-Bas.

4e arrondissement. — Les Rousses, Septmoncel.

TERRAINS CRÉTACÉS.

DIX-SEPTIÈME ÉTAGE. — NÉOCOMIEN (THURMANN).

Nous divisons cet Etage en trois groupes :

A. Néocomien inférieur.

B. — moyen. — Marnes d'Hauterive (Marcou).

C. — supérieur. — Urgonien (d'Orbigny).

Observations. — L'Etage Néocomien repose en concordance parfaite sur les dernières couches du terrain jurassique; mais ses divisions, par la nature seule des roches qui les composent, diffèrent tellement entre elles, selon les divers bassins, que la description d'une seule localité ne serait plus applicable à d'autres, si l'identité des fossiles ne venait en assurer le synchronisme. Ici, comme partout, on reconnaît la justesse de l'idée émise par d'Orbigny, savoir : Que la Paléontologie est le seul guide infaillible pour caractériser les terrains, tandis que les caractères Pétrographiques sont trop variables pour assurer une certitude exacte.

Notre cadre ne permettant pas de décrire chaque bassin du Jura, nous choisissons celui du val de Miéges et Nozeroy, et celui de Sirod, parfaitement identiques de composition avec les environs de Neufchâtel et des Verrières (Suisse). Le beau travail de M. Marcou, sur cette partie, a déjà familiarisé un grand nombre de géologues avec l'étude du Néocomien de nos montagnes.

Groupe A. Néocomien inférieur.

Huit sous-groupes.

1er sous-groupe.—Calcaires oolithiques tuberculeux ou grenus, du blanc au jaune et du bleu au brun. Marnes sableuses bleues ou grises, avec géodes siliceuses. — Puissance. . . . . 2 mètres.

Fossiles caractéristiques. — *Pygurus rostratus. Holaster Campichei.*

2e sous-groupe.—Calcaires marneux suboolithiques, blancs ou gris, avec nombreuses tiges de plantes anastomosées. — Puissance . . 5 à 6 mètres.

Fossiles caractéristiques. — *Strombus Sautieri. Sigaretus Pidanceti. Fusus neocomiensis.* Nérinées.

3e sous-groupe. — Calcaire oolithique, gris jaunâtre, fendillé.

Puissance . . . . 5 mètres.

Fossiles caractéristiques. — *Pholadomya Scheuchzeri. Panopæa Robinaldina. Anatina Agassizii.* Ptérocères. *Pyrula infracretacea. Fusus neocomiensis. Terebratula pseudojurensis, etc.*

4e sous-groupe.— Calcaire compacte, gris-bleu, par assises bien litées de 20 à 50 centimètres et plus. — Puissance. . . . . 4 mètres.

Fossiles caractéristiques rares et empâtés dans les roches.

5e sous-groupe.—Marnes bleues, rudes au toucher.—Puissance 1 à 2 m.

Fossiles rares. Quelques Polypiers.

C'est la zone des marnes bleues sans fossiles de M. Marcou, qui lui a servi de point de départ pour la base du Néocomien inférieur. Il est vrai qu'à Censeau les parties inférieures ne sont pas à découvert à la Fontaine du Poirier, mais on les voit très-bien au nord du village, en allant à Cuvier.

6e sous-groupe. — *Limonite.* Calcaire très-compacte, brun, rouge, ou jaunâtre. Cassure rugueuse, empâtant une grande quantité de grains ferrugineux, bruns et brillants, de la grosseur miliaire à la cannabine. La structure, en petit, est schistoïde et sableuse ; en grand, elle est régulière par bancs variant de 30 centimètres à 1 mètre.

Puissance : 3 à 4 mètres à Boucherans ; et cette épaisseur diminue en s'éloignant de la Suisse ; à Nozeroy, Doye et Lent, elle n'est déjà plus que de 1 mètre 50 centimètres.

Le fer étant bon conservateur des dépôts de fossiles, ceux de la limonite ont conservé une partie de leur test, lequel, chez quelques individus, offre une belle couleur bleue, que nous attribuons au phosphate. Dans l'*Amm. Gevrilianus*, les cloisons spathiques laissent apercevoir leur intérieur.

Fossiles caractéristiques. —Actéons, Natices, Trochus, Vénus ; *Trigonia rudis ;* Caprotines ; *Pygurus rostratus;* Polypiers.

Localités types. — Boucherans, Censeau, Esserval-Combe, Nozeroy, Conte, Lent.

7e sous-groupe. — *Grès de la limonite*, bleu ou gris, à texture très-serrée. Calcaire sableux oolithique, jaune-roux, se divisant en fragments anguleux lorsqu'il est exposé à l'air. Ces deux variétés renferment des grains de fer hydraté arrondis ou anguleux, de couleur brune, bien distincts de forme ou de position de la couche no 6. — Puissance . . . 1 à 2 mètres.

Localités types. — Miéges, Nozeroy, Conte, Sirod et Lent.

Parmi les fossiles roulés, on rencontre un grand nombre de dents de poissons des genres Picnodus, Strophodus, Sphœrodus, et des pinces de Crustacés. Les grès bleuâtres imitent, pour le grain, la coticule ou pierre à faux, et sont quelquefois employés à cet usage.

8e sous-groupe.— *Calcaire jaune* D'abord une couche mince de marnes bleu-noirâtres, rudes au toucher; puis calcaire très-oolithique, à grains assez lâches, ressemblant, pour la texture, au calcaire grossier de Paris. Cassure inégale et raboteuse, s'enlevant par fragments assez irréguliers. La couleur est jaune-ocreux, quelquefois jaune-brun, ou jaune-miroitant. La structure, en petit, est massive ; en grand, elle est régulière par bancs de 30 à 80 centimètres. Souvent on trouve entre les joints de stratification, dans des espèces de géodes, une grande quantité de cristaux de chaux carbonatée; quelques nids ferrugineux de Polypiers, Stylina.—Puissance 4 m.

Fossiles empâtés : Natices, Pyrines, Stylina, etc.

Localités types. — Censeau, Molpré, Miéges, Nozeroy, Sirod.

Groupe B. Néocomien moyen. — Puissance 26 mètres.

Deux sous-groupes.

1er sous-groupe. — Marnes d'Hauterive (Neufchâtel). Marnes bleues, souvent grises et jaunâtres; pâteuses, quelquefois subschistoïdes, très-fossilifères. Elles se délitent et se décomposent très-rapidement sous l'action des agents atmosphériques. La stratification en est assez régulière, par assises à structure subschistoïde. On y rencontre quelquefois des nids ferrugineux à l'état d'oxyde, ou bien en cristaux de fer sulfuré.

Epaisseur du groupe. . . . . 8 mètres.

Fossiles caractéristiques.—*Bel. dilatatus. Nautilus pseudo-elegans. Amm. clypeiformis ; A. radiatus; A. Astierianus. Natica bulimoides. Pholadomya elongata. Panopœa neocomiensis. Corbis cordiformis. Trigonia carinata; T. sulcata. Perna Mulleti. Avicula Carteroni. Janira atava. Hinnites Leymerii. Plicatula Carteroniana. Ostrea Couloni; O. macroptera. Rhynchonella depressa. Terebratula prælonga; T. Marcousana. Terebrirostra neocomiensis. Echinospatagus cordiformis. Holaster L'Hardii. Nucleolites Olfersii. Desoria incisa. Cidaris clunifera; C. punctata. Pseudodiadema autissodorense. Pentacrinus neocomiensis. Mytilus Couloni*, etc.

Localités types. — Censeau, Mièges, Nozeroy, Tribief, Foncine-le-Haut, Lamoura.

2e Sous-groupe. — Calcaires jaunes chlorités ou à grains verts, de Marcou :

1° Calcaire oolithique, gris-jaunâtre, renfermant le plus souvent une grande quantité de grains verts de fer hydro-silicaté, qui lui donne quelquefois un aspect miroitant. Des assises marneuses peu puissantes alternent à la partie inférieure. Cassure esquilleuse, quelquefois raboteuse et inégale. La stratification est régulière par assises variant de 0,10 à 0,60c. — Puissance . . . . 8 mètres.

En quelques localités existe un banc de silex compacte, brun à l'intérieur et gris-blanchâtre à l'extérieur par l'altération de la silice. Epaisseur 0,25 à 0,50c.

2° Marnes grises sableuses, avec fossiles roulés et triturés, — 0,30c.

3° Calcaire jaune oolithique, mal agrégé, quelquefois tuberculeux, par assises de 0,05 à 0,30c, avec accidents d'hydrate de fer. — Puissance 4m70.

4° Calcaire blanc-jaunâtre; oolithes de diverses grosseurs, à ciment spathique. Térébratules, piquants de Cidaris et Polypiers sur les joints de stratification. — 6 mètres.

Groupe C. Néocomien supérieur. — Puissance 40 mètres.

Cinq sous-groupes.

1° Calcaire blanc-jaunâtre; à oolithes très-fines, à facettes spathiques brillantes. Assises en feuillets de 0,05 à 0,20c. Des cavités dans la roche renferment des nids d'argile ocreuse à texture serrée. Quelques fossiles indéterminables . . . . puissance. 10m »

2° Calcaire blanc à l'intérieur, gris-cendré au dehors; subcrétacé; oolithes de diverses grosseurs. Fossiles empâtés dans la masse . . . . p. 4m »

3° Calcaire blanc; compacte, à pâte spathique, imitant le Portlandien, renfermant Chames, Caprotines, et Radiolites. . . . . p. 10m »

4° Calcaire blanc et rose; tuberculeux, bréchiforme, quelquefois celluleux ou à grains serrés; susceptible de recevoir le poli du marbre . . . . p. 4m »

5° Calcaire blanc et rose; subcrétacé; à oolithes de toutes les grosseurs, jusqu'à celle d'une balle de fusil, reliées par une pâte spathique. Ce calcaire imite l'oolithe corallienne. Les surfaces de quelques-unes des strates sont recouvertes de petits fossiles, surtout de Bryozoaires, et Amorphozoaires. . . . . p. 12m »

LOCALITÉS TYPES.

Groupe B. — Censeau, Miéges, Nozeroy, Doye, Charency, Charbonny, Lent, Sirod, Foncine-le-Haut.

Groupe C. — Plenise, Miéges, Doye, Charency, Charbonny, Lent, Sirod, Foncine-le-Haut.

MATIÈRES UTILES.

Groupe A. — N° 1. Deux bancs de pierre de taille.
— — 4. Pierre de taille.
— — 6. Minerai de fer des Boucherans (Jura), Métabief, et Longeville (Doubs).
— — 8. Excellente pierre de taille pour sculpture, durcissant à l'air et résistant à la gelée.
— B. — N° 1. Marnes excellentes pour l'amendement des terres.
— — 5. Bonne pierre de construction, taille et moellons.
— C. — Nos 1, 3, 4 et 5. Pierre de taille. Le n° 4 peut recevoir le poli du marbre, à Pratz.

LOCALITÉS.

1er arrondissement. — Coisia, Condes, Cornod, Vescles, Cousance, le Frasnois, Lains, Montagna-le-Templier.

2e arrondissement. — X.

3e arrondissement. — Bourg-de-Sirod, Lent, Sirod, Syam, Nozeroy, Communailles, Boucherans, Censeau, Les Grangettes, Cuvier, Conte, Doye, Bief-du-Fourg, Billecul, Arsure, Arsurette, Cerniébaud, Charency, Essavilly, Esserval, Tartre, Esserval-Combe, La Favière, Froide-Fontaine, Gillois, Longcochon, Miéges, Mignovillard, Molpré, Mournans, Onglières, Plénise, Plénisette, Petit-Villard, Bief-des-Maisons, Chalesmes, Chaux-des-Crotenay, Crans, Foncine-le-Haut, Foncine-le-Bas, La Perrena, Treffay.

4e arrondissement. — Saint-Claude, Chassal, Chevry, Cinquétral, Cuttura, Lajoux-Mijoux, Lamoura, Lavans, Leschères, Saint-Lupicin, Molunes, Pontoux, Ravilloles, Septmoncel, Valfin-lès-Saint-Claude, Hautes-Molunes,

Moussières, Rognat, Viry, Chancia, Châtel-de-Joux, Grand-Châtel, Jeurres, Pratz, Bois-d'Amont, Lézat, Longchaumois, La Mouille, Prémanon, Les Rousses, Tancua, Saint-Laurent, La Chaumusse, Chaux-des-Prés, Fort-du-Plâne, Grande-Rivière, Rivière-Devant, Lac-des-Rouges-Truites, Petites-Chiettes, Saint-Pierre.

DIX-HUITIÈME ÉTAGE. — APTIEN (D'ORBIGNY).

Cet Etage n'est pas connu dans le Jura, quoiqu'il se montre à Pontarlier, et à Mouthier (Doubs).

DIX-NEUVIÈME ÉTAGE. — ALBIEN (D'ORBIGNY).

SYNONYME. — Gault.

Cet Etage n'est représenté que dans quelques localités du Jura. On peut le diviser en deux groupes :

A. Groupe inférieur. — Sables siliceux, remplis de fragments quartzeux, arrondis ou à angles émoussés, de toutes grosseurs, depuis le sablon à celle d'une noisette. Couleur passant du blanc de lait au jaune, rouge, vert, et noirâtre. Quelques rognons de fer hydraté en boules ou cylindriques, à cassure rayonnante. Absence de fossiles. — Puissance. . 3 à 4 mètres.

B. Groupe supérieur. — Calcaires marneux ; grès sableux ; argile sableuse fine et plastique, avec fragments de quartz. Couleur jaune-grisâtre. Fossiles nombreux et variés, luisants, noirâtres ou rougeâtres, selon l'altération à l'air par l'oxydation des pyrites. Quelques minéralogistes ont cru reconnaitre la présence du phosphate de fer dans cette couche. — Puissance . . . . 3 à 4 mètres.

La plupart des fossiles paraissent avoir subi l'action d'un charriage par les eaux anciennes. Les dépôts de sable indiquent le même mouvement.

MATIÈRES UTILES.

Les sables quartzeux ont été employés par la fabrique de porcelaine de Migette ; les forges en saupoudrent la sole des fours à souder ; ils conviennent aussi comme mordant aux scieries à marbre.

LOCALITÉS CONNUES.

Charbonny, Mournans, Le Frasnois, Ilay, Rivière-Devant, Lains, Viry, Leschères, Cuttura, Ponthoux.

VINGTIÈME ÉTAGE. — CÉNOMANIEN (D'ORBIGNY).

SYNONYME. — Craie chloritée ; Craie de Rouen ; Rothomagien (Coquand), Craie marneuse.

Cet Etage a été reconnu pour la première fois dans le Jura, en 1858, par MM. Bonjour et Defranoux.

Sables siliceux verdâtres, avec fragments de Craie blanche ou jaunâtre, et de nombreux fossiles enveloppés de sable.

Puissance visible. . . . . 2 à 3 mètres.

Fossiles caractéristiques. — *Nautilus Archiacianus. Amm. falcatus; A. rothomagensis; A. cenomaniensis; A. Mantelli; A. varians; A. Verneuilianus; A. Carolinus. Scaphites æqualis. Turrilites costatus. Actæon ovum. Avellana cassis. Pleurotomaria Mailleana. Natica Martinii. Cyprina quadrata. Arca carinata. Gervilia aviculoides. Inoceramus sulcatus; In. striatus. Ostrea conica. Pecten asper. Chama cornucopiæ. Rhynchonella Lamarckiana; R. pisum; R. difformis. Terebratula biplicata. Holaster subglobulosus; H. bicarinatus. Catopygus carinatus. Discoidea subuculus. Galerites subcylindricus.*

LOCALITÉS.

Lains près de Saint-Julien.

VINGT-ET-UNIÈME ÉTAGE. — TURONIEN (D'ORBIGNY).

SYNONYME. — Craie blanche.

Il en existe quelques fragments à Lains, sans que l'on ait pu encore reconnaître l'importance de l'Etage.

VINGT-DEUXIÈME ÉTAGE. — SÉNONIEN (D'ORBIGNY).

SYNONYME. — Craie à silex; Sentonien (Coquand).

Un seul lambeau de cet Etage a été découvert pour la première fois, en 1857, à Lains près Saint-Julien (Jura), par MM. Bonjour et Defranoux.

Calcaire crayeux blanchâtre, avec noyaux de silex pyromaque en roche ou en fragments.

Puissance visible de l'Etage . . . . 6 mètres.

Fossiles caractéristiques.—*Edm. difficilis. Ananchytes ovata; A. Leskei. Micraster cor-anguinum; M. brevis. Galerites albo-galerus.*

MATIÈRES UTILES.

Cette craie peut servir aux mêmes usages que la craie du commerce, connue sous la dénomination de *blanc de Troyes*. Les silex ont fourni la matière des pierres à fusil.

NOTA. Les descriptions de ces trois derniers Etages ont été publiées dans les Mémoires de la Société Géologique de France, 1858, tome XVIe.

TERRAINS TERTIAIRES.

N'ayant pu jusqu'à ce jour, faute de temps, étudier toutes les localités du Jura où se montre la série des Terrains tertiaires, nous nous bornerons à signaler les lambeaux soumis à nos investigations.

Eocène inférieur. — Sidérolithique. — Bonherz.

Les dépôts de fer pisolithique, partout où je les ai rencontrés, présentent les caractères de charriage, soit en amas, soit entraînés, sur les terrains crétacés ou jurassiques.

Dans les plaines basses on les voit rarement agglutinés, tandis que dans les hautes vallées, outre les amas en grains, les oolithes ferrugineuses sont enchassées dans un calcaire marneux, jaune ou rouge. Ces grains de fer hydraté sont bien formés, de la grosseur du pois à celle de la noisette.

Je n'y ai pas rencontré de fossiles.

MATIÈRES UTILES.

Minerai fort employé par les hauts-fourneaux du Jura et du Doubs.

Localités reconnues, dans le Jura : Depuis Courvières par Censeau, Plénise, Onglières, Charbonny, Lent, Grange-Baptaillard, Frasnois. Dans le Doubs, à Grangettes-de-Saint-Point, Malpas, Oye, Les Pontets.

VINGT-QUATRIÈME ÉTAGE. — SUESSONIEN (D'ORBIGNY).

EOCÈNE. — Argiles plastiques.

Argiles grises-blanchâtres, micacées, très-plastisques, analogues aux argiles à poterie de Montereau.

Le seul dépôt que nous connaissons est exploité, depuis longues années, à Etrepigney et Plumont, où ces argiles alimentent de nombreuses fabriques de poteries. Quoique réfractaires à différents degrés, elles ne le sont point assez pour résister au degré de chaleur exigé pour le traitement du fer dans les grandes forges. — Puissance, à Etrepigney, de 30 à 40 mètres.

VINGT-SIXIÈME ÉTAGE. — FALUNIEN (D'ORBIGNY).

MIOCÈNE. — Mollassique.

Dans la vallée de Mouthe, ou du Haut-Doubs, à Sarrageois et à Rochejean, sur l'Urgonien, est un lambeau de Mollasse marine sableuse micacée.

Dans la vallée de Foncine-le-Haut (Jura), en sortant de Châtelblanc, se montre un vaste dépôt de marnes gris-jaunâtres, ou argiles micacées à grains très-fins, renfermant des débris d'Ostrées et de Gastéropodes turriculés, trop mal conservés pour en permettre la détermination. Ces argiles reposent sur le calcaire blanc du Néocomien supérieur (Urgonien), relevé au N-O sous un angle de 40° environ, sous la route de Châtelblanc.

L'Urgonien, au contact des argiles, est percé de trous de Pholades indiquant un rivage.

Le haut-fourneau de Rochejean consommait les minerais suivants :

1° Limonite du Néocomien inférieur, de Longeville et de Métabief.

2° Fer pisolithique engagé dans une gangue de Bonherz, ou en grains isolés, des Grangettes-de-Saint-Point (rive gauche du Doubs).

Vallée du Grand-Vaux, à la Frasse, commune de Fort-du-Plasne, sur l'Urgonien : Mollasse marine exploitée en carrières, et en prairies au-dessus. Ce dépôt d'argiles grises et de sables caillouteux de charriage, renferme beaucoup de fossiles bivalves et de Polypiers à déterminer. Ce dépôt est analogue au dépôt des Verrières (Suisse).

A La Ferté, à peu de distance au nord du lac et de l'église de l'Abbaye-en-Grand-Vaux, existe un beau dépôt de Mollasse marine, où les Ostrées et les Peignes sont abondants, ainsi que des Polypiers enchassés dans une roche de calcaire oolithique, gris-rougeâtre, par bancs et assises s'appuyant, en stratification concordante, contre l'Urgonien qui couronne le mamelon. Les couches sont relevées sous un angle de 70° et plongent au S-E.

Au pied du dépôt, on voit des sables verts avec quelques fossiles pyriteux du Gault, usés par le charriage. — Puissance . . . . . . 25 à 30 mètres.

Fossiles de La Ferté, cités par M. Emile Benoit. — *Ostrea crispata*, Goldf; *O. palliata*, Goldf. *Pecten scabrellus*, Lam.; *P. Benedictus*, Lam.; *P. Burdigalensis*. *Hornera striata*, Milne Edwards. *Lichenopora tuberosa*, Michelin. *Cellepora supergiana*, Michelin. *Eschara incisa*, M'Coy.

Vallée d'Onglières et Charbonny : argiles bigarrées (rouge et jaune), un peu sableuses, reposant sur le Néocomien. M. Batte a recueilli une Hélice au village d'Onglières; de ce lieu à Charbonny, après les argiles bigarrées, se montrent les poudingues à cailloux impressionnés (calcaire et silex), très-résistants. Les couches plongent au N, sous un angle de 50 à 60°, toujours sur le Néocomien. Après avoir dépassé Charbonny, sur la route de Champagnole, se montrent des blocs roulés de toutes grosseurs, appartenant aux poudingues mollassiques. Parmi ces blocs il s'en trouve de l'étage Néocomien, ainsi que du Sidérolithique. Les argiles sableuses renferment des Planorbes; on en trouve aussi dans quelques blocs, de calcaire gris, charriés.

Ce dépôt de charriage repose sur l'étage Néocomien. Il renferme des nodules et boules de fer hydroxydé à cassure rayonnante ; ceux-ci sont très-répandus sur le sol environnant, et paraissent appartenir à une époque postérieure au dépôt mollassique. J'y ai recueilli deux dents de marmotte (Arctomys).

La mollasse et le sidérolithique de Charbonny, paraissent provenir des environs de Pontarlier, et au delà, par voie glaciaire.

Entre Paisiat et Orbagna, à l'est de la route de Lons-le-Saunier à Lyon, on voit les poudingues et cailloux impressionnés, de la Mollasse, entre le Bajocien et les lignites.

A Cousance (même route), se montre un calcaire marneux oolithique avec nodules et tiges de plantes peu déterminables. Au S-E de ce dépôt on rencontre des fragments de Mollasse marine micacée.

Au château d'Andelot-lès-Saint-Amour, sur l'étage Corallien, on voit un dépôt de sables quartzeux rougeâtres que je crois mollassique.

MIOCÈNE. — Lignites.

Entre Paisiat et Orbagna gisent des dépôts de lignites assez riches, recouverts par des galets et argiles de la Bresse. A Paisiat, les lignites sont stratifiés horizontalement, et au bord du ruisseau d'Orbagna les tiges sont verticales. Les bois de la classe des dicotylédones sont plus ou moins bien conservés, et présentent diverses nuances, depuis le noir du jaïet au jaune pâle. Quelques tiges sont pénétrées de sulfure de fer (pyrite).

On a essayé, à plusieurs reprises, d'utiliser ce combustible au service des forges; mais les parties sableuses, qui le pénètrent, absorbent trop de calorique, et n'a permis d'en tirer d'autre parti qu'à la cuisson des briques et à la calcination de la chaux.

VINGT-SEPTIÈME ÉTAGE. — SUBAPENNIN (D'ORBIGNY).

SYNONYME. — Ancien Pliocène.

Alluvions anciennes de la Bresse; argiles bleues des étangs, avec coquilles fluviatiles; fer hydraté; limons et sables jaunes de la Bresse.

Dépôts glaciaires, et érosions des roches du Jura après l'exaltation des Alpes principales.

TERRAINS QUATERNAIRES.

Lehm ou Diluvium rouge.
Alluvions récentes.

Tourbes. . ⎫
Tufs . . . ⎬ contemporains.
Eboulis. ⎭

(Extrait des *Annales de la Société des sciences industrielles de Lyon*).

www.ingramcontent.com/pod-product-compliance
Ingram Content Group UK Ltd.
Pitfield, Milton Keynes, MK11 3LW, UK
UKHW021816190726
13853UKWH00003B/1016